微观理论下的原子核结构

贺晓涛 著

科 学 出 版 社

北 京

内 容 简 介

本书简要阐述了原子核结构理论中几个微观理论近年来的新发展，以及应用这些理论在原子核结构领域几个前沿热点问题的研究成果。其中包括推转壳模型下处理对力的粒子数守恒方法、结团模型中的双核系统模型以及相对论平均场模型，详细介绍了这几个模型对原子核中的对关联、高自旋态、超形变态、反射不对称原子核性质、结团结构、核子谱对称性等问题的最新研究成果。读者根据工作需要选读有关章节后，即可进一步阅读相关文献开展科学研究工作。

本书可作为理论物理和原子核理论等专业的研究生教学参考书，也可作为核物理领域的科研工作者的参考书。

图书在版编目(CIP)数据

微观理论下的原子核结构/贺晓涛著. —北京：科学出版社，2020.12
ISBN 978-7-03-067108-0

I.①微… II.①贺… III.①核结构-理论研究 IV.①O571.21

中国版本图书馆 CIP 数据核字 (2020) 第 239520 号

责任编辑：陈艳峰 田轶静／责任校对：杨 然
责任印制：吴兆东／封面设计：陈 敬

科学出版社 出版
北京东黄城根北街 16 号
邮政编码：100717
http://www.sciencep.com
固安县铭成印刷有限公司印刷
科学出版社发行 各地新华书店经销
*
2020 年 12 月第 一 版 开本：720 × 1000 1/16
2025 年 2 月第二次印刷 印张：9 3/4
字数：104 000
定价：68.00 元
(如有印装质量问题，我社负责调换)

前　　言

本书对作者近几年应用不同原子核理论模型研究形变原子核结构以及原子核单粒子能谱对称性的工作做了系统、详细的论述。全书分为两个部分：第一部分包括第 1~3 章，主要论述了核结构研究领域几个重要的，且与后几章原子核结构研究密切相关的理论模型的基本框架以及近年的最新发展；第二部分包括第 4~9 章，主要论述近年核结构领域的几个前沿问题的最新研究成果以及有待解决的问题。其中第 4、5 章主要介绍原子核的超形变态；第 6、7 章主要介绍原子核的反射不对称形变态；第 8、9 章主要介绍原子核单粒子能谱的自旋对称性和赝自旋对称性。核物理是一个迅速发展的学科，原子核理论涉及的理论知识也非常多，本书论述了作者近年来开展的相关研究工作和成果，涉及的内容偏向于几个特定领域。

限于作者水平，书中不妥之处在所难免，敬请读者指正。

作　者

2020 年 4 月

目　　录

第 1 章　推转壳模型下处理对力的粒子数守恒方法

本章给出在推转壳模型下处理对力的粒子数守恒（particle-number conserving, PNC）方法的详细推导。这一方法最初的推导可参见文献 [1-4]。由于 PNC 方法得以实现的关键是在做哈密顿量对角化时，用推转的多粒子组态（cranked-many particle configuration, CMPC）截断代替了传统的单粒子能级（single-particle level, SPL）截断，所以 PNC 方法也称作 CMPC 壳模型计算方法。1.1 节介绍多粒子组态截断；1.2 节中给出了推转壳模型的哈密顿量；1.3 节介绍推转壳模型哈密顿量中单体及对力部分的 PNC 处理，并求解哈密顿量的本征值问题；1.4 节我们利用 1.3 节求得的本征函数求出角动量顺排和转动惯量。

1.1　多粒子组态截断方案

在保证粒子数守恒的前提下，求解包含对力的推转壳模型哈密顿量的本征值问题，由于涉及的组态空间大得惊人，乍看起来显得非常困难。但我们仔细分析原子核这个多体系统，会发现实际情况并非如此。我们注意到原子核具有这样两个特点：一是决定原子核低激发态性质的价核子数并不是很多（~10）。二是原子核的平均对力强度不是很大，比费米面附近的单粒子能级平均间距小得多。因此，对于原子核的低激发态，所涉及的重要的组态数目并不是很多，例如，在稀土区，权重大于 1%

的组态只有大约 10 个。这样我们就有可能在一个组态数目并不是很大的对角化空间求解包含对力的哈密顿量本征值问题。

但这里最为关键的是，在取哈密顿量对角化空间时，我们不能像传统壳模型计算一样采用单粒子能级截断，而应以组态能量截断的概念来取而代之。传统的单粒子能级截断，一方面会把大量成分微不足道的组态卷入计算中来，使得计算变得十分冗繁而不可行。另一方面，又会把很多对计算很重要的组态丢掉而使计算精度降低。对于原子核这样一个多体系统，在原子核低激发态中某个组态成分（权重）的大小主要取决于该组态能量的大小。因为我们考虑的原子核的平均对力强度不是很大，所以这个问题可以用微扰论的观点来很好地理解。为方便，我们只考虑波函数的一级微扰。一级微扰中各组态权重的大小和该组态能量与基态能量之差倒数的绝对值 $\left|\dfrac{1}{E_0 - E_n}\right|$ 成正比。下面用一个简单的例子说明，设单粒子能级均匀分布，考虑体系有 10 个粒子，其基态如图 1.1(a) 所示，相应能量设为 E_0。单粒子能级截断取为图中虚线部位，图 1.1(b) 所示为第 l 个组态中粒子的填充方式，相应能量为 E_l。图 1.1(c) 为第 n 个组态粒子的填充方式，相应能量为 E_n。图示中显然可见，因为 $\left|\dfrac{1}{E_0 - E_n}\right| > \left|\dfrac{1}{E_0 - E_l}\right|$，组态 n 的贡献要大于组态 l。但是如果采用单粒子能级截断，计算中将会包括组态 l，却会把比 l 重要的组态 n 丢掉。所以采用截断组态能量不失为一个合理而明智的办法，它使计算变得实际可行。在一个不是很大的组态空间就可以求得体系基态和低激发态足够精确的解。

为了更好地处理推转情况下单粒子能级对 Coriolis 力的响应问题，

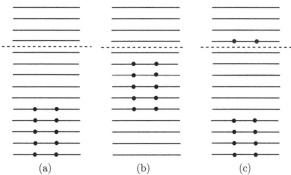

图 1.1 (a) 体系的基态，相应能量为 E_0。(b) 第 l 个组态中粒子的填充方式，相应能量为 E_l。(c) 第 n 个组态粒子的填充方式，相应能量为 E_n。虚线为单粒子能级截断

多粒子组态（many-particle configuration, MPC）截断方案又作了进一步的改进，即发展了推转的多粒子组态（CMPC）截断。由于体系哈密顿量中的 Coriolis 力是个单体算符，所以我们可以把整个单体算符 $H_{SP} + H_C$ 一起对角化，得到推转的单粒子能级和单粒子态，在这个基础上构造推转的多粒子组态，并在一定的截断空间对角化体系的哈密顿量 H_{CSM}。这两种截断方案的不同就是 MPC 截断是用粒子在 Nilsson 轨道（设 H_{SP} 为 Nilsson 哈密顿量）上的填布来刻画的，Nilsson 能级是 H_{SP} 的本征态。而 CMPC 截断是用推转的 Nilsson 轨道上的填布来刻画的，推转的 Nilsson 能级是 $H_{SP} + H_C$ 的本征态。但这两种截断方案在本质上没有什么区别，在带首 $(\omega = 0)$ 时则完全等价。CMPC 截断比 MPC 截断更具合理性是因为原子核单粒子能级随着推转频率的增加是不断变化的（第 5 章中的图 5.2），尤其是对原子核转动性质起主导作用的高-j 闯入轨道的位置会发生很大的变化，而一些物理量对这些能级的位置很敏感。采用 CMPC 截断后，所挑选的组态会随着角频率的变化

而变化，在高频时会将低频时不重要而高频时重要的组态包含进来，将在低频时重要而高频时变得不重要的组态丢弃。这样，用 CMPC 截断方案来处理核态，就可以在一个相对小的组态空间中把重要的组态都包含进来。

1.2　推转壳模型的哈密顿量

设原子核具有轴对称形变，对称轴为 z' 轴。设它以角频率 ω 绕 x' 轴旋转。实验室坐标系和随核子一起旋转的坐标系分别记为 $\Sigma(x, y, z)$ 和 $\Sigma'(x', y', z')$。

$$x' = x \tag{1.1}$$

$$y' = y \cos \omega t + z \sin \omega t \tag{1.2}$$

$$z' = -y \sin \omega t + z \cos \omega t \tag{1.3}$$

在 Σ 坐标系看来，原子核是随时间变化的（显含 t），求解其本征值和本征态比较困难。而在转动的坐标系 Σ' 中看来，势场不再显含时间，所以在转动系中求解本征值问题比较方便。

在 Σ 坐标系中，粒子态记为 $|\psi\rangle$，哈密顿量记为 h；

在 Σ' 坐标系中，粒子态记为 $|\phi\rangle$，哈密顿量记为 h_0。

设 Σ' 以匀角速度 ω 绕 $x(= x')$ 轴旋转，经过时间 t 后，转过角度 ωt，所以（取 $\hbar=1$）：

$$|\phi\rangle = \mathrm{e}^{\mathrm{i}\omega t j_x}|\psi\rangle \quad \text{或} \quad |\psi\rangle = \mathrm{e}^{-\mathrm{i}\omega t j_{x'}}|\phi\rangle \tag{1.4}$$

$$h_0 = \mathrm{e}^{\mathrm{i}\omega t j_x} h \mathrm{e}^{-\mathrm{i}\omega t j_x} \quad \text{或} \quad h = \mathrm{e}^{-\mathrm{i}\omega t j_{x'}} h_0 \mathrm{e}^{\mathrm{i}\omega t j_{x'}} \tag{1.5}$$

在 Σ 中，Schrödinger 方程可表示成

$$\mathrm{i}\frac{\partial}{\partial t}|\psi\rangle = h|\psi\rangle \tag{1.6}$$

变换到 Σ' 中，上式左边化为

$$\mathrm{i}\frac{\partial}{\partial t}\left[\mathrm{e}^{-\mathrm{i}\omega t j_{x'}}|\phi\rangle\right] = \mathrm{e}^{-\mathrm{i}\omega t j_{x'}}\left[\mathrm{i}\frac{\partial}{\partial t}|\phi\rangle + \omega j_{x'}|\phi\rangle\right] \tag{1.7}$$

右边化为

$$\begin{aligned}
h|\psi\rangle &= \mathrm{e}^{-\mathrm{i}\omega t j_{x'}} h_0 \mathrm{e}^{\mathrm{i}\omega t j_{x'}} \mathrm{e}^{-\mathrm{i}\omega t j_{x'}}|\phi\rangle \\
&= \mathrm{e}^{-\mathrm{i}\omega t j_{x'}} h_0|\phi\rangle
\end{aligned} \tag{1.8}$$

左右两边相等，做变换后可得

$$\begin{aligned}
\mathrm{i}\frac{\partial}{\partial t}|\phi\rangle &= (h_0 - \omega j_{x'})|\phi\rangle \\
&= h(\omega)|\phi\rangle
\end{aligned} \tag{1.9}$$

因此，

$$h(\omega) = h_0 - \omega j_{x'} \tag{1.10}$$

采用 Nilsson 势，即 $h_0 = h_{\mathrm{Nil}}$，则在转动坐标系 Σ' 中，推转 Nilsson 哈密顿量表示为

$$h_{\mathrm{CSM}} = h(\omega) = h_{\mathrm{Nil}} - \omega j_x \tag{1.11}$$

其本征方程为

$$h(\omega)|\phi\rangle = \varepsilon'|\phi\rangle \tag{1.12}$$

ε' 是单粒子能量本征态。

如不计及核子间的相互作用, 原子核的推转壳模型哈密顿量为

$$
\begin{aligned}
H_{\text{CSM}} &= H(\omega) = H_{\text{SP}} - \omega J_x \\
H_{\text{SP}} &= \sum_i h_{\text{Nil}}(i) \\
J_x &= \sum_i j_x(i)
\end{aligned}
\tag{1.13}
$$

本征方程为

$$
H(\omega)|\varPhi\rangle = E'|\varPhi\rangle
\tag{1.14}
$$

本征值为各核子推转 Nilsson 能量之和:

$$
E' = \sum_i \varepsilon'(i)
\tag{1.15}
$$

以上 $\sum\limits_i$ 表示对所有核子求和。在实验室坐标系 $\varSigma$ 中, 体系的能量 E 为

$$
\begin{aligned}
E &= \langle\varPsi|H|\varPsi\rangle \\
&= \langle\varPhi|\mathrm{e}^{\mathrm{i}\omega t j_x} H \mathrm{e}^{-\mathrm{i}\omega t j_x}|\varPhi\rangle \\
&= \langle\varPhi|H_0|\varPhi\rangle \\
&= \langle\varPhi|H(\omega) + \omega J_x|\varPhi\rangle \\
&= E' + \omega\langle\varPhi|J_x|\varPhi\rangle
\end{aligned}
\tag{1.16}
$$

这就是在转动坐标系下和实验室坐标系下体系本征能量之间的关系。其中, $\langle J_x\rangle = \langle\varPhi|J_x|\varPhi\rangle$ 表示推转多粒子组态 $|\varPhi\rangle$ 下诸核子的 j_x 的平均值之和, 称之为角动量沿转动轴 x 方向的顺排。

在不计及核子间相互作用的情况下，顺排角动量的计算并不困难。但如果要计及核子之间的相互作用，计算就会困难很多。如果考虑核子之间的对力，体系的哈密顿量记为

$$H_{\mathrm{CSM}} = H_{\mathrm{SP}} - \omega J_x + H_{\mathrm{P}}$$

$$= H_0 + H_{\mathrm{P}} \tag{1.17}$$

其中，$H_0 = H_{\mathrm{SP}} - \omega J_x$ 是 H_{CSM} 的单体部分，$-\omega J_x$ 是 Coriolis 相互作用；H_{P} 是对力部分，在我们的计算中包含了单极和四极对力，$H_0 = H_{\mathrm{P}}(0) + H_{\mathrm{P}}(2)$。

1.3 推转壳模型哈密顿量本征值的 PNC 求解

1.2 节我们将描述原子核体系的哈密顿量从实验室坐标系变换到了本体坐标系，从而得到了包含对力的推转壳模型的哈密顿量。本节我们通过粒子数守恒的方法求解哈密顿量的本征值问题。

1.3.1 Nilsson 单粒子能级

轴对称 Nilsson 单粒子能级的哈密顿量[5,6] 可以表示为

$$h_{\mathrm{Nil}} = -\frac{\hbar^2}{2M}\nabla^2 + V_{\mathrm{osc}} + V' \tag{1.18}$$

其中，V_{osc} 表示轴对称变形谐振子势；V' 表示变形谐振子势的修正项。在直角坐标系中，它们表示为

$$V_{\mathrm{osc}} = \frac{1}{2}M[\omega_\perp^2(x^2 + y^2) + \omega_z^2 z^2] \tag{1.19}$$

$$V' = Cs \cdot l - Dl^2 \quad (C, D > 0) \tag{1.20}$$

在拉伸坐标系中，可以表示为 [6]

$$V_{\text{osc}} = \frac{1}{2}\hbar\omega_0(\varepsilon_2, \varepsilon_4)\rho^2 \left[1 - \frac{2}{3}\varepsilon_2 P_2(\cos\theta_t) + 2\varepsilon_4 P_4(\cos\theta_t)\right] \quad (1.21)$$

$$V' = \kappa(N)\hbar\omega_0[2\boldsymbol{L}\cdot\boldsymbol{S} + \mu(N)(l_t^2 - \langle l_t^2\rangle_N)] \quad\quad\quad\quad (1.22)$$

下标 t 表示相应的量是定义在拉伸坐标系中。谐振子参数 ω_0 由原子核的半径来决定，其关系式为 $\hbar\omega_0 = 41A^{-1/3}\text{MeV}$。中子和质子的谐振子参数并不相同，可分别表示为

$$\begin{aligned} \omega_{\text{n}} &= \omega_0\left(1 + \frac{1}{3}\frac{N-Z}{A}\right) \\ \omega_{\text{p}} &= \omega_0\left(1 - \frac{1}{3}\frac{N-Z}{A}\right) \end{aligned} \quad\quad (1.23)$$

从而使中子和质子的方均根半径近似相等。参数 κ 和 μ 的值依赖于主量子数 N，通常取自 Lund 系统学 [7]。对于研究的相当仔细的稀土区的正常形变核，这套系统学是比较符合实验观测到的单粒子激发谱的。ε_2 和 ε_4 分别是四极形变和十六极形变参数 [6]。

在 Nilsson 单粒子哈密顿量中，守恒量只有宇称 π 和 Ω，Ω 是单粒子的角动量 j 在对称轴上的投影。当形变很大（$\omega_\perp \gg \omega_z$ 或 $\omega_\perp \ll \omega_z$），且自旋轨道耦合可以忽略时（$V'$ 项可忽略），Nilsson 势将还原为轴对称谐振子势，这时可用大形变极限下的一套渐近量子数 $[N, n_z, \Lambda]\Omega^\pi$ 来标记 Nilsson 能级，它们分别是体系 H_0, H_z, l_z 和 j_z 所对应的量子数。我们取 Ω 为正数，这时每条能级都以 $\pm\Omega$ 为二重简并。

1.3.2 推转的单粒子态

推转的 Nilsson 哈密顿量记为 $h_0(\omega)$：

$$h_0(\omega) = h_{\text{Nil}} - \omega j_x \tag{1.24}$$

在此哈密顿量中，由于 j_x 的存在，当 $\omega \neq 0$ 时，j_z 不再是守恒量。我们考虑算符 $R_x(\pi)$，$R_x(\pi) = \mathrm{e}^{-\mathrm{i}\pi j_x/\hbar}$，它表示绕 x 轴旋转 180° 的运算，它仍然是守恒量。因此我们可以用宇称 P 的本征值 π 和 $R_x(\pi)$ 的本征值 α 来标记单粒子态。

将不推转的单粒子能级 $\{\varepsilon_\xi\}$ 取为 Nilsson 能级，它是二重简并的，本征态表示为

$$|\xi\rangle \equiv |N_\xi n_{z\xi} \Lambda_\xi \Sigma_\xi\rangle = a_\xi^\dagger |0\rangle, \quad \Omega_\xi^\pi = \Lambda_\xi + \Sigma_\xi > 0 \tag{1.25}$$

则

$$|-\xi\rangle \equiv |N_\xi n_{z\xi} - \Lambda_\xi - \Sigma_\xi\rangle = a_{-\xi}^\dagger |0\rangle \tag{1.26}$$

它们都是 j_z 的本征态，本征值为 $\pm\Omega_\xi$。$a_\xi^\dagger$ 和 $a_{-\xi}^\dagger$ 分别是它们的产生算符。利用 $|\xi\rangle$ 和 $|-\xi\rangle$ 就可以构造 $R_x(\pi)$ 和 j_z^2 的共同本征态 $|\xi\alpha\rangle$：

$$\begin{aligned}
|\xi\alpha\rangle &= \frac{1}{\sqrt{2}}[1 - \mathrm{e}^{-\mathrm{i}\pi\alpha} R_x(\pi)]|\xi\rangle \\
&= \frac{1}{\sqrt{2}}[|\xi\rangle \pm (-)^{N_\xi}|-\xi\rangle] \quad \left(\alpha = \pm\frac{1}{2}\right) \\
&= \frac{1}{\sqrt{2}}[a_\xi^\dagger \pm (-)^{N_\xi} a_{-\xi}^\dagger]|0\rangle \\
&= b_{\xi\alpha}^\dagger |0\rangle
\end{aligned} \tag{1.27}$$

其中，$b_{\xi\alpha}^{\dagger}$ 是 $|\xi\alpha\rangle$ 的产生算符。容易验证（见附录 B）$R_x(\pi)|\xi\alpha\rangle = \mathrm{e}^{-\mathrm{i}\pi\alpha}|\xi\alpha\rangle$，$j_z^2|\xi\alpha\rangle = \Omega_\xi^2|\xi\alpha\rangle$。在此表象下，相关的矩阵元（见附录 C）为

$$\langle\xi\alpha|h_{\mathrm{Nil}}|\xi'\alpha'\rangle = \langle\xi|h_{\mathrm{Nil}}|\xi'\rangle\delta_{\alpha\alpha'}$$

$$\langle\xi\alpha|j_x|\xi'\alpha'\rangle = \begin{cases} \langle\xi|j_x|\xi'\rangle\delta_{\alpha\alpha'}, & \Omega_\xi \neq \dfrac{1}{2} \text{ 或 } \Omega_{\xi'} \neq \dfrac{1}{2} \\[2mm] (-)^{N_\xi+\frac{1}{2}-\alpha}\langle\xi|j_x|-\xi\rangle\delta_{\alpha\alpha'}, & \Omega_\xi = \Omega_{\xi'} = \dfrac{1}{2} \end{cases} \quad (1.28)$$

在 $|\xi\alpha\rangle$ 表象中将 $h_0(\omega)$ 对角化，即可得到推转单粒子态 $|\mu\alpha\rangle$：

$$|\mu\alpha\rangle = \sum_{\xi} C_{\mu\xi}(\alpha)|\xi\alpha\rangle = \beta_{\mu\alpha}^{\dagger}|0\rangle \quad (C_{\mu\xi}(\alpha) \text{ 为实数}) \quad (1.29)$$

其中，$\beta_{\mu\alpha}^{\dagger}$ 是 $|\mu\alpha\rangle$ 的产生算符，其能级记为 $\{\varepsilon_\mu(\alpha)\}$，为推转的 Nilsson 能级。此时，态空间可以按旋称 $\alpha = \pm\dfrac{1}{2}$ 分成两个子空间。其中，正交关系为

$$\sum_{\xi} C_{\mu'\xi}^{*}(\alpha')C_{\mu\xi}(\alpha) = \delta_{\mu\mu'}\delta_{\alpha\alpha'} \quad (1.30)$$

$$\begin{aligned} \sum_{\mu} C_{\mu\xi}^{*}(\alpha)C_{\mu\xi'}(\alpha') &= \sum_{\mu}\langle\xi\alpha|\mu\alpha\rangle^{*}\langle\xi'\alpha'|\mu\alpha\rangle \\ &= \sum_{\mu}\langle\xi'\alpha'|\mu\alpha\rangle\langle\mu\alpha|\xi\alpha\rangle \\ &= \langle\xi'\alpha'|\xi\alpha\rangle \\ &= \delta_{\xi\xi'}\delta_{\alpha\alpha'} \end{aligned} \quad (1.31)$$

粒子数表象变换为

$$\begin{aligned} |\mu\alpha\rangle &= \sum_{\xi} C_{\mu\xi}(\alpha)|\xi\alpha\rangle \\ \beta_{\mu\alpha}^{\dagger} &= \sum_{\xi} C_{\mu\xi}(\alpha)b_{\xi\alpha}^{\dagger} \end{aligned} \quad (1.32)$$

注意到表象变换的幺正性，$C^{-1} = C^{\dagger}$。又因为 C 矩阵为实矩阵，所以 $C^{\dagger} = C^{\mathrm{T}}$，上式的逆变换为

$$
|\xi\alpha\rangle = \sum_{\mu} C_{\mu\xi}(\alpha)|\mu\alpha\rangle
$$

$$
b^{\dagger}_{\mu\alpha} = \sum_{\xi} C_{\mu\xi}(\alpha)\beta^{\dagger}_{\xi\alpha} \tag{1.33}
$$

1.3.3　推转的多粒子组态

对于一个 n 粒子体系，n 个粒子在各推转单粒子轨道上的任意一种可能的填充方式都构成这个多粒子系统的一个组态，记为 $|i\rangle$

$$
|i\rangle = |\mu_{1i}\mu_{2i}\cdots\mu_{ni}\rangle = \beta^{\dagger}_{1i}\beta^{\dagger}_{2i}\cdots\beta^{\dagger}_{ni}|0\rangle \tag{1.34}
$$

每一个组态都有确定的能量 E_i、宇称 P_i 和旋称 α_i，

$$
\begin{aligned}
E_i &= \sum_{\mu_i(\text{occupied})} \varepsilon_{\mu_i} \\
P_i &= \prod_{\mu_i(\text{occupied})} \pi_{\mu_i} \\
\alpha_i &= \left(\sum_{\mu_i(\text{occupied})} \alpha_{\mu_i} \right) \mathrm{mod}2
\end{aligned} \tag{1.35}
$$

下标 μ_i 指被占据的能级，ε_{μ_i}、π_{μ_i} 和 α_{μ_i} 分别表示该能级的能量、宇称和旋称。对于一个实际的核来说，这样一个多粒子组态空间维数是巨大的，所以需要引入截断，这里我们采用推转的多粒子组态空间截断。

1.3.4　对力的处理

推转后，对力的表述形式比较复杂，但堵塞效应及 Coriolis 力的影响已自动考虑在内。下面我们先考虑单极对力。

在未推转 Nilsson 单粒子态的粒子数填布表象中，哈密顿量中的单极对力可以表示为

$$H_{\mathrm{P}}(0) = -G \sum_{\xi,\eta>0} a_\xi^\dagger a_{\bar\xi}^\dagger a_{\bar\eta} a_\eta \tag{1.36}$$

在 $|\xi\alpha\rangle$ 表象中，由 $b_{\xi\pm}^\dagger = \dfrac{1}{\sqrt{2}}[a_\xi^\dagger \pm (-)^{N_\xi} a_{-\xi}^\dagger]$（见式 (1.27)），单极对力可以表示为（见附录 D）

$$H_{\mathrm{P}}(0) = -G \sum_{\xi,\eta>0} (-)^{\Omega_\xi - \Omega_\eta} b_{\xi+}^\dagger b_{\xi-}^\dagger b_{\eta-} b_{\eta+} \tag{1.37}$$

在推转的单粒子表象 $|\mu\alpha\rangle$ 中，将 (1.33) 代入式 (1.37)，就可以得到

$$H_{\mathrm{P}} = -G \sum_{\mu\mu'\nu\nu'} f_{\mu\mu'}^* f_{\nu'\nu} \beta_{\mu+}^\dagger \beta_{\mu'-}^\dagger \beta_{\nu-} \beta_{\nu'+} \tag{1.38}$$

其中，

$$f_{\mu\mu'}^* = \sum_\xi (-)^{\Omega_\xi} C_{\mu\xi}(+) C_{\mu'\xi}(-)$$
$$f_{\nu'\nu} = \sum_\eta (-)^{-\Omega_\eta} C_{\eta\nu'}(+) C_{\eta\nu}(-) \tag{1.39}$$

由于 Ω_ξ 是半整数，$f_{\mu\mu'}^*$ 和 $f_{\nu'\nu}$ 都是复数，可以令

$$F_{\mu\mu'} = (-)^{1/2} f_{\mu\mu'}^* \tag{1.40}$$

则

$$f_{\mu\mu'}^* f_{\nu'\nu} = f_{\mu\mu'}^* (f_{\nu\nu'}^*) = F_{\mu\mu'} F_{\nu\nu'} \tag{1.41}$$

这样，H_{P} 可以表示为

$$H_{\mathrm{P}} = -G \sum_{\mu\mu'\nu\nu'} F_{\mu\mu'} F_{\nu\nu'} \beta_{\mu+}^\dagger \beta_{\mu'-}^\dagger \beta_{\nu-} \beta_{\nu'+} \tag{1.42}$$

再次强调，由于宇称和旋称是守恒量，H_{CSM} 矩阵元的对角化可以在具有确定宇称和旋称的 CMPC 子空间内进行。需要注意的是，在计算对力的非对角矩阵元时，要考虑费米子的反对易关系。并注意到对力是个二体算符，只有当两个组态的单粒子填布相差不超过两个粒子时，矩阵元才不为 0。下面，我们分别来讨论 H_{P} 的矩阵元。

(1) 两个组态相差两个单粒子态，对力矩阵元为

$$\sum_{\mu\mu'\nu\nu'} \langle \cdots 1_l \cdots 1_k \cdots 0_j \cdots 0_i \cdots |F_{\mu\mu'} F_{\nu\nu'} \beta_{\mu+}^\dagger \beta_{\mu'-}^\dagger \beta_{\nu-} \beta_{\nu'+}| \cdots 1_i \cdots 1_j$$
$$\cdots 0_k \cdots 0_l \cdots \rangle$$

$$= \begin{cases} 0, & (i,j)\text{或}(l,k)\text{的旋称为}(+,+)\text{或}(-,-) \\[2mm] F_{kl}F_{ij}(-)^{\sum\limits_{\nu=1}^{k-1}n_\nu + \sum\limits_{\nu=1}^{l-1}n_\nu + \sum\limits_{\nu=1}^{i-1}n_\nu + \sum\limits_{\nu=1}^{j-1}n_\nu}, & (i,j)\text{与}(l,k)\text{的旋称都为} \\ & \qquad\qquad\qquad\qquad (+,-)\text{或}(-,+) \\[2mm] -F_{kl}F_{ji}(-)^{\sum\limits_{\nu=1}^{k-1}n_\nu + \sum\limits_{\nu=1}^{l-1}n_\nu + \sum\limits_{\nu=1}^{i-1}n_\nu + \sum\limits_{\nu=1}^{j-1}n_\nu}, & (i,j)=(+,-),\ (l,k)=(-,+) \\[2mm] -F_{lk}F_{ij}(-)^{\sum\limits_{\nu=1}^{k-1}n_\nu + \sum\limits_{\nu=1}^{l-1}n_\nu + \sum\limits_{\nu=1}^{i-1}n_\nu + \sum\limits_{\nu=1}^{j-1}n_\nu}, & (i,j)=(-,+),\ (l,k)=(+,-) \end{cases}$$

(2) 两个组态相差一个单粒子态时，对力矩阵元为

$$\sum_{\mu\mu'\nu\nu'} \langle \cdots 1_k \cdots 0_i \cdots |F_{\mu\mu'} F_{\nu\nu'} \beta_{\mu+}^\dagger \beta_{\mu'-}^\dagger \beta_{\nu-} \beta_{\nu'+}| \cdots 1_i \cdots 0_k \cdots \rangle$$
$$= \sum_l F_{kl}F_{ji}(-)^{\sum\limits_{\nu=1}^{k-1}n_\nu + \sum\limits_{\nu=1}^{i-1}n_\nu} \tag{1.43}$$

(3) 在同一个组态 $|i\rangle$ 下 H_{P} 的平均值（对角元）为

$$\sum_{\mu\mu'\nu\nu'} \langle \cdots 1_k \cdots 0_i \cdots |F_{\mu\mu'} F_{\nu\nu'} \beta_{\mu+}^\dagger \beta_{\mu'-}^\dagger \beta_{\nu-} \beta_{\nu'+}| \cdots 1_i \cdots 0_k \cdots \rangle$$
$$= \sum_{i,j} F_{ij}F_{ij} \tag{1.44}$$

四极对力的处理和单极对力类似。在未推转的 Nilsson 单粒子态表象中，四极对力哈密顿量为

$$H_{\mathrm{P}}(2) = -\sum_{\lambda=0,1,2} G_{2\lambda} \sum_{\xi\eta} q_{2\lambda}(\xi) q_{2\lambda}(\eta) a_{\xi}^{\dagger} a_{\bar{\xi}}^{\dagger} a_{\bar{\eta}} a_{\eta}$$

$$q_{2\lambda}(\xi) = \sqrt{\frac{16\pi}{5(1+\delta_{0\lambda})}} \langle\xi|r^2(Y_{2\lambda}+Y_{2-\lambda})|\xi\rangle \tag{1.45}$$

在推转的单粒子态 $|\mu\alpha\rangle$ 填布表象下，$H_{\mathrm{P}}(2)$ 表示为

$$H_{\mathrm{P}}(2) = -\sum_{\lambda=0,1,2} G_{2\lambda} \sum_{\mu\mu'\nu\nu'} g_{\mu\mu'}^{\lambda*} g_{\nu'\nu}^{\lambda} \beta_{\mu+}^{\dagger} \beta_{\mu'-}^{\dagger} \beta_{\nu-} \beta_{\nu'+}$$

$$g_{\mu\mu'}^{\lambda*} = \sum_{\xi} (-)^{\Omega_{\xi}} C_{\mu\xi}(+) C_{\mu'\xi}(-) q_{2\lambda}(\xi)$$

$$g_{\nu'\nu}^{\lambda} = \sum_{\eta} (-)^{\Omega_{\eta}} C_{\eta\nu'}(+) C_{\eta\nu}(-) q_{2\lambda}(\eta) \tag{1.46}$$

可以采取和单极对力类似的方法，把 $g_{\mu\mu'}^{\lambda*}$ 和 $g_{\nu'\nu}^{\lambda}$ 实数化。

在推转的 Nilsson 表象 $|\mu\alpha\rangle$ 中，推转壳模型的哈密顿量可以表示为

$$H_{\mathrm{CSM}} = H_0 + H_{\mathrm{P}}$$

$$H_0 = \sum_{\mu\alpha} \varepsilon_{\mu\alpha} \beta_{\mu\alpha}^{\dagger} \beta_{\mu\alpha} \tag{1.47}$$

在一个足够大的 CMPC 空间中将 H_{CSM} 对角化，就可以得到 CSM 哈密顿量的晕带和低激发带足够精确的解，将这些解表示为

$$|\varphi\rangle = \sum_{i} D_i |i\rangle \tag{1.48}$$

其中取 D_i 为实数。

1.4　转　动　惯　量

利用 1.3 节求得的推转壳模型哈密顿量的本征函数，我们可以求出体系的角动量顺排，进而求出转动惯量。在 $|\varphi\rangle$ 态下，角动量顺排为

$$\langle\varphi|J_x|\varphi\rangle = \sum_i D_i^2 \langle i|J_x|i\rangle + 2\sum_{i<j} D_i D_j \langle i|J_x|j\rangle \tag{1.49}$$

其中，

$$\langle i|J_x|j\rangle = \sum_{\mu\alpha} \langle \mu\alpha|j_x|\mu\alpha\rangle P_{\mu\alpha}^i,$$

$$P_{\mu\alpha}^i = \begin{cases} 1, & |i\rangle \text{ 中 } |\mu\alpha\rangle \text{态被粒子占据} \\ 0, & |i\rangle \text{ 中 } |\mu\alpha\rangle \text{态无粒子占据} \end{cases} \tag{1.50}$$

考虑到 J_x 为单体算符，对于 $i \neq j$，只有当 $|i\rangle$ 和 $|j\rangle$ 相差一个单粒子态时，$\langle i|J_x|j\rangle$ 的矩阵元才不为零。设 $|i\rangle$ 和 $|j\rangle$ 相差的单粒子态为 μ 和 ν，经过粒子适当重排后，$|i\rangle$ 和 $|j\rangle$ 表示成

$$|i\rangle = (-)^{M_{i\mu}}|\mu\cdots\rangle$$

$$|j\rangle = (-)^{M_{j\nu}}|\nu\cdots\rangle \tag{1.51}$$

其中 $M_{i\mu}(M_{j\nu}) = \pm 1$ 依赖于粒子重排时费米子交换次数的奇偶性。这样，

$$\langle i|J_x|j\rangle = \sum_{\mu\alpha,\nu\alpha'} (-)^{M_{i\mu}+M_{j\nu}} P_{\mu\alpha}^i P_{\nu\alpha'}^j \langle \mu\alpha|j_x|\nu\alpha\rangle \delta_{\alpha\alpha'} \tag{1.52}$$

在求得角动量顺排后，原子核的运动学转动惯量和动力学转动惯量 $J^{(1)}$ 和 $J^{(2)}$ 可如下求出：

$$J^{(1)} = \frac{\langle\varphi|J_x|\varphi\rangle}{\omega}$$
$$J^{(2)} = \frac{\mathrm{d}\langle\varphi|J_x|\varphi\rangle}{\mathrm{d}\omega} \tag{1.53}$$

其中，ω 为推转频率。

更为细致些，还可以求出处于各个推转单粒子轨道上的粒子分别对顺排和转动惯量的贡献，

$$\langle\varphi|J_x|\varphi\rangle = \sum_{\mu\alpha} j_x^\alpha(\mu) + \sum_{\mu<\nu\alpha} j_x^\alpha(\mu\nu)$$
$$j_x^\alpha(\mu) = \langle\mu\alpha|j_x|\mu\alpha\rangle \sum_i D_i^2 P_{\mu\alpha}^i = \langle\mu\alpha|j_x|\mu\alpha\rangle n_{\mu\alpha}$$
$$j_x^\alpha(\mu\nu) = 2\langle\mu\alpha|j_x|\mu\alpha\rangle \sum_{i<j} (-)^{M_{i\mu}+M_{j\nu}} P_{\mu\alpha}^i P_{\mu\alpha'}^i D_i D_j \quad (\mu \neq \nu)$$
$$n_{\mu\alpha} = D_i^2 P_{\mu\alpha}^i \tag{1.54}$$

$\langle\mu\alpha|j_x|\mu\alpha\rangle$ 是 $|\mu\alpha\rangle$ 态上单粒子的角动量顺排。$n_{\mu\alpha}$ 代表了推转的单粒子能级 $|\mu\alpha\rangle$ 上粒子的填布概率。对于转动惯量 $J^{(1)}$ 和 $J^{(2)}$ 的贡献就可以表示为

$$j^{(1)}(\mu) = j_x(\mu)/\omega$$
$$j^{(1)}(\mu\nu) = j_x(\mu\nu)/\omega$$
$$j^{(2)}(\mu) = \frac{\mathrm{d}}{\mathrm{d}\omega} j_x(\mu) \tag{1.55}$$
$$j^{(2)}(\mu\nu) = \frac{\mathrm{d}}{\mathrm{d}\omega} j_x(\mu\nu)$$

第 2 章   双核系统模型

本章介绍包含单粒子自由度的双核模型。对于双核模型比较详细的介绍可参见文献 [8-10]。由于我们的工作主要集中在对单粒子自由度的处理上，所以本章以讨论处理奇质量原子核体系的双核模型为主，同时也将说明这一模型如何自洽地应用于偶偶核体系。2.1 节介绍双核模型的基本思想以及其微观图像；2.2 节给出双核模型的主要自由度：质量不对称自由度和双核中心之间的距离；2.3 节介绍双核模型的多极矩，进而给出描述原子核形变的形变参数与质量不对称度和双核距离之间的关系；2.4 节介绍双核模型哈密顿量本征值问题的求解，给出单粒子能级和双核系统的势能以及薛定谔方程的具体求解过程。

2.1   基本思想及其微观图像

双核系统的基本思想是将两个相互接触但又保持各自独立性的原子核集团 A_1, A_2 看作原子核的一个内禀组态，在这两个集团之间可以交换核子或者核子集团（图 2.1）。它的微观图像可以由双中心壳模型（two-center shell model）来说明。

图 2.2 所示为原子核在对称轴（z 轴）方向上的单粒子双中心势阱示意图，在两个镜像极小值之间有一个有限高度的位垒。当核子占据的单粒子轨道（如 $1p_{1/2}$）位于此势垒之下时，这个核子在很大的概

率上为原子核集团 A_1 或者 A_2 所特有，但当核子占据的单粒子轨道
（如 $1d_{3/2}$）高于这个位垒时，这个核子具有很大的概率被两个原子核
集团所共有。这就类似于分子中的单极键（homopolar bond）和共价键
（covalent bond）。

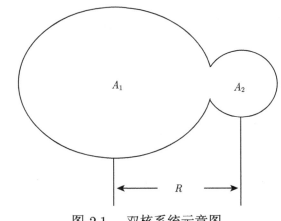

图 2.1　　双核系统示意图

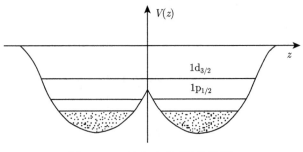

图 2.2　　双中心势阱示意图

图中散点的部分表示更深的壳层

2.2　两个主要自由度

在双核模型中有两个最主要的自由度用来描述体系的状态：质量
（电荷）不对称度和两原子核集团中心距离 R。这两个自由度可以代替

形变参数用来描述原子核的形状。

质量（电荷）不对称度自由度 质量（电荷）不对称自由可以用来描述两个原子核集团之间核子的转移。其定义为

$$\eta = \frac{A_1 - A_2}{A_1 + A_2} \quad \text{或} \quad \eta_z = \frac{Z_1 - Z_2}{Z_1 + Z_2} \tag{2.1}$$

$A_1(Z_1)$ 和 $A_2(Z_2)$ 分别为组成双核系统的重核集团和轻核集团的质量数和电荷数。当 $A_1 = 0$ 或 $A_2 = 0$ 时，$|\eta| = 1$；当 $A_1 = A_2$ 时，$\eta = 0$。对于电荷不对称度 η_z 也具有同样的关系，但是我们应该注意，确定的质量不对称度会对应于多个电荷不对称度的值，反之亦然。双核模型描述体系由单一原子核（mononucleus）（$|\eta| = 1$）逐渐向对称的双核系统（$\eta = 0$）转移。在转移的过程中，随着 $|\eta|$ 值的增大，原子核从球形原子核开始逐渐增加其四极和八极形变，直到最后 $\eta = 0$，这时四极形变参数 $\beta_2 \approx 1.4$，而八极形变参数 $\beta_3 = 0$（图 2.3）。

相对距离 R 它是指两个原子核集团中心之间的相对距离（图 2.1），可以用它来描述两个原子核之间的相对运动。一般来讲，对双核系统，$R \leqslant R_1 + R_2$，R_1, R_2 分别为原子核 A_1, A_2 的半径。但是，如在文献 [11] 和 [12] 中所示，当两个核的相对距离 R 变得更小时，会受到斥力的作用，从而阻碍两个核的进一步重叠，所以在很多情况下 $R \approx R_1 + R_2$。另外，我们考虑原子核总是倾向于处于体系势能的最低点，而两个原子核极对极（pole to pole）的相互接触会给出势能最小值，所以这里的 R_1, R_2 都取为图 2.1中两极到中心的半径值，对于考虑两个轴对称形变原子核集团以任意方向相互接触组成双核系统的情况可参考文献 [13]。

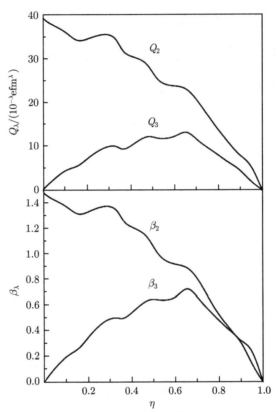

图 2.3　^{152}Dy 的多极矩（Q_2, Q_3）和形变参数（β_2, β_3）对不对称度 η 的依赖关系[8]

2.3　双核模型的多极矩

双核模型的质量不对称度与原子核的形变参数有一定的对应关系，我们可以通过多极矩得到这些关系。双核模型质量（$k = m$）以及电（$k = c$）多极矩表示为

$$Q_{\lambda\mu}^{(k)} = \sqrt{\frac{16\pi}{2\lambda + 1}} \int \rho^{(k)}(\boldsymbol{r}) r^\lambda Y_{\lambda\mu}(\boldsymbol{\Omega}) \mathrm{d}\tau \tag{2.2}$$

这里，当 $R \geqslant R_1 + R_2$ 时，在原子核密度冻结近似（frozen density approximation）下，双核系统的质量和电荷密度 ρ^k 可以近似表示为两个原子核集团的密度之和，

$$\rho^{(k)}(\boldsymbol{r}) = \rho_1^{(k)}(\boldsymbol{r}) + \rho_2^{(k)}(\boldsymbol{r}) \tag{2.3}$$

应用公式（2.3）并考虑轴对称原子核体系，在质心系下，双核系统的多极矩可以表示为

$$
\begin{aligned}
Q_{\lambda 0}^{(k)} &= Q_\lambda^{(k)} \\
&= \sum_{\lambda_1=0}^{\lambda} (-)^\lambda \frac{\lambda!}{\lambda_1!\lambda_2!} \left[(-)^{\lambda_1} A_2^{\lambda_1} Q_{\lambda_2}^{(k)}(1) + A_1^{\lambda_1} Q_{\lambda_2}^{(k)}(2) \right] \frac{R^{\lambda_1}}{A^{\lambda_1}}
\end{aligned}
\tag{2.4}
$$

这里 $\lambda_1 + \lambda_2 = \lambda$，$\lambda \leqslant 3$ 的各项分别为

$$
\begin{aligned}
Q_1^{(m)} &= 0 \\
Q_1^{(c)} &= 2e \frac{A_2 Z_1 - A_1 Z_2}{A} R \\
Q_2^{(m)} &= 2m_0 \frac{A_1 A_2}{A} R^2 + Q_2^{(m)}(1) + Q_2^{(m)}(2) \\
Q_2^{(c)} &= 2e \frac{A_2^2 Z_1 + A_1^2 Z_2}{A^2} R^2 + Q_2^{(c)}(1) + Q_2^{(c)}(2) \\
Q_3^{(m)} &= 2m_0 \frac{A_1 A_2}{A} \frac{A_2 - A_1}{A} R^3 + 3 \frac{A_2 Q_2^{(m)}(1) - A_1 Q_2^{(m)}(2)}{A} R \\
Q_3^{(c)} &= 2e \frac{A_2^3 Z_1 - A_1^3 Z_2}{A^3} R^3 + 3 \frac{A_2 Q_2^{(c)}(1) - A_1 Q_2^{(c)}(2)}{A} R
\end{aligned}
$$

其中，$A = A_1 + A_2$；m_0 是核子的质量。双核模型的四极矩 Q_2 可以取实验值。

另外，我们可以通过原子核表面公式来求原子核的多极矩，在轴对

称情况下，核表面公式为

$$\tilde{R}(\theta) = \tilde{R}_0[1 + \sum_\lambda \beta_\lambda Y_{\lambda 0}(\theta)] \tag{2.5}$$

这里，$\tilde{R}_0$ 是同等体积下球形原子核的半径，$\beta_0, \beta_1, \beta_2, \beta_3, \cdots$ 是描述原子核形变的参数。其中 β_0 是与原子核体积守恒有关的参数。假设原子核密度均匀，应用公式（2.5）和（2.2）就可以得到以形变参数 $\beta_\lambda(\lambda = 0, 1, 2, 3)$ 为参量的原子核多极矩，

$$\tilde{Q}_\lambda^{(m)} = \frac{3}{\lambda + 3} A m_0 R_0^\lambda \sum_{k_0=0}^{\lambda+3} \sum_{k_1=0}^{k_0} \sum_{k_2=0}^{k_1} \sum_{k_3=0}^{k_2} G_{k_0 k_1 k_2 k_3}^\lambda \beta_0^{k_0-k_1} \beta_1^{k_1-k_2} \beta_2^{k_2-k_3} \beta_3^{k_3} \tag{2.6}$$

其中，

$$G_{k_0 k_1 k_2 k_3}^\lambda$$

$$= \frac{1}{2^{\lambda+k_2}\lambda!} \sqrt{\frac{3^{k_1-k_2}5^{k_2-k_3}7^{k_3}}{(4\pi)^{k_0}}} \begin{pmatrix} \lambda+3 \\ k_0 \end{pmatrix} \begin{pmatrix} k_0 \\ k_1 \end{pmatrix} \begin{pmatrix} k_1 \\ k_2 \end{pmatrix} \begin{pmatrix} k_2 \\ k_3 \end{pmatrix}$$

$$\times \sum_{i=0}^{k_2-k_3} \sum_{j=0}^{k_3} (-1)^{i+j} 3^{k_2-k_3-i+j} 5^{k_3-j} \begin{pmatrix} k_2-k_3 \\ i \end{pmatrix} \begin{pmatrix} k_3 \\ j \end{pmatrix} I_{ij}$$

$$I_{ij} = \sum_{k=0}^{\lambda/2} (-1)^k \begin{pmatrix} \lambda \\ k \end{pmatrix} \frac{(2\lambda-2k)!}{(\lambda-2k)!} \frac{2\delta_{k_1+k_2+k_3+\lambda+1,\text{odd}}}{k_1+k_2+k_3+\lambda+1-2i-2j-2k}$$

这里，$\begin{pmatrix} n \\ k \end{pmatrix} = n!/[k!(n-k)!]$。

令

$$Q_{\lambda\mu}^{(k)}(\eta, \eta_Z) = \tilde{Q}_{\lambda\mu}^{(k)}(\beta_\lambda) \tag{2.7}$$

就可以得到形变参数 β_λ 与质量不对称自由度 η 以及两原子核集团中心距离 R 之间的关系,

$$\beta_\lambda = \beta_\lambda(\eta, \eta_z) \tag{2.8}$$

其中,对于最重要的两个形变参数 β_2 和 β_3 与 η 的关系为

$$\beta_2 = \frac{5}{4\pi}\frac{\pi}{3}(1-\eta^2)\frac{R^2}{R_0^2}$$
$$\beta_3 = \frac{7}{4\pi}\frac{\pi}{3}\eta(1-\eta^2)\frac{R^3}{R_0^3} \tag{2.9}$$

这里值得一提的是,当原子核的形变很大时,双核系统可以近似地由形变参数给出较好的描述,公式(2.5)在 $|\eta| < 0.5$ 时可以较好地描述原子核的形状。但是,当原子核体系具有较大的质量不对称度时,即 $|\eta|$ 较大时,由式(2.5)给出的原子核形状就会比双核系统的形状更"光滑"。我们假设双核系统是由两个质量相等,半径均为 R_0 的球体相互接触所组成的变形原子核,那么它的"长短轴"之比就为 2:1($4R_0$:$2R_0$),但是计算这个体系的四极矩 $Q_2(\eta = 0)$,其所对应的原子核形状的长短轴之比却为 2.65:1。尽管如此,在选择合适的形变参数之后,我们仍旧可以用式(2.5)来近似地描述双核系统的性质。图 2.3所示为 ^{152}Dy 的多极矩(Q_2, Q_3)以及形变参数(β_2, β_3)随不对称度 η 的变化曲线 [8]。从图中我们可以看到不同的 η 值所对应的原子核形变以及可以研究的物理问题。

$\eta = 0 \sim 0.3$ 时,巨超形变,原子核具有很大的四极形变;

$\eta = 0.6 \sim 0.8$ 时,超形变,原子核同时具有较大的四极形变和八极形变;

$\eta \approx 1$ 时，宇称劈裂，原子核的形变线性增长。

2.4　双核模型的哈密顿量及本征值问题的求解

描述具有确定宇称 p 和总自旋在对称轴上的分量 K 的原子核体系的波函数可以表示为（见附录 E）[14]，

$$\Psi_{pIMK} = \left(\frac{2I+1}{16\pi^2}\right)^{1/2}[D_{MK}^I\chi_K + p(-1)^{I+K}D_{M-K}\chi_{\bar{K}}] \tag{2.10}$$

这样，对于偶偶核（$K=0$），就会有 $I^p = 0^+, 1^-, 2^+, \cdots$ 的能级态。对于奇质量的核，$K \neq 0$，所以任意的 I、p 组合都可能是原子核的能级状态，$I^p = K^{\pm}, (K+1)^{\pm}, (K+2)^{\pm}, \cdots$，这就是实验上观测到的宇称双重带。式（2.10）中，D 是描述系统集体转动的波函数，χ 则用来描述体系的内禀态。当要研究的系统包含有不配对的奇核子时（如奇-A 核或者奇奇核），类比于粒子–转子模型，我们可以认为最外层的奇核子是在一个由核心所决定的形变势场中运动的，这个势场的形状由质量不对称度 η 和两核之间的相对位置 R 来描述。我们取绝热近似，即假设外层核子的运动速度比组成核心的两原子核集团之间核子的转移速度要快得多，这样，

$$\chi_K(\boldsymbol{r}', \eta) = \psi_K(\boldsymbol{r}')\phi(\eta) \tag{2.11}$$

$\boldsymbol{r}'$ 是不配对奇核子的内禀坐标。这时，双核体系的哈密顿量为

$$H = H_{\text{coll}} + H_{\text{intr}} \tag{2.12}$$

2.4.1 单粒子能级

描述最外层价核子运动的内禀哈密顿量具有如下形式:

$$H_{\text{intr}} = -\frac{\hbar^2}{2m_0}\nabla'^2 + v(\boldsymbol{r}', \eta, \boldsymbol{l}', \boldsymbol{s}'), \tag{2.13}$$

v 为单粒子运动的势场,这里取作包含自旋–轨道相互作用和库仑相互作用的轴对称形变 Woods-Saxon 势,

$$v(\boldsymbol{r}', \eta, \boldsymbol{l}', \boldsymbol{s}') = V_{\text{nucl}} + V_{\text{so}} + \frac{1}{2}(1 + \tau_3)V_c \tag{2.14}$$

V_{nucl} 是轴对称形变的 Woods-Saxon 势,

$$V_{\text{nucl}} = \frac{V_0}{1 + \mathrm{e}^{[r' - \tilde{R}(\theta, \eta)]/a_0}} \tag{2.15}$$

其中,$[r' - \tilde{R}(\theta, \eta)]$ 是点 $\boldsymbol{r}'$ 到原子核表面 [式(2.5)] 的距离;a_0 为弥散系数。自旋–轨道相互作用势的形式为

$$V_{\text{so}} = \tilde{\lambda}\left(\frac{\hbar}{2m_0c}\right)^2 \nabla V_{\text{nucl}}\,|_{r_0=(r_0)_{\text{so}}}\,(\boldsymbol{\sigma} \times \boldsymbol{p}) \tag{2.16}$$

这里,$\tilde{\lambda}$ 表示自旋–轨道相互作用的强度;$\boldsymbol{\sigma}$ 是 Pauli 矩阵;$\boldsymbol{p}$ 是动量算符;r_0 和 $(r_0)_{\text{so}}$ 分别是中心势和自旋–轨道相互作用势的半径参数。假设原子核的电荷等于 $(Z-1)e$ 且均匀分布在原子核表面 Σ 内,则库仑势 V_{C} 在柱坐标系下计算如下:

$$\begin{aligned}
V_{\text{C}}(z, \rho) = \rho_{\text{e}} \int_{z_1}^{z_2} \mathrm{d}z' \Big\{ &\Big[\rho_{\Sigma}^2 - \rho^2 - (z' - z)^2 \\
&- (z' - z)\frac{\partial \rho_{\Sigma}^2}{\partial z'}\Big] F(a, b) + E(a, b) \Big\}
\end{aligned} \tag{2.17}$$

$\rho_\Sigma(z)$ 表示 ρ 在坐标为 z 的表面上的一点，ρ_e 是电荷密度，设为一常数，

$$F(a,b) = a^{-1} \int_0^{\pi/2} \mathrm{d}\varphi \left(1 - \frac{a^2 - b^2}{a^2} \sin^2 \varphi \right)^{-1/2}$$
$$E(a,b) = a \int_0^{\pi/2} \mathrm{d}\varphi \left(1 - \frac{a^2 - b^2}{a^2} \sin^2 \varphi \right)^{1/2} \tag{2.18}$$

这里，$a^2 = (z' - z)^2 + (\rho' + \rho)^2$，$b^2 = (z' - z)^2 + (\rho' - \rho)^2$。

为了得到单粒子势对质量不对称度 η 的依赖关系，首先我们通过原子核表面公式（2.5）将势 v 对形变参数 β_λ 进行展开（见附录 F），然后应用形变参数与质量不对称度之间的关系式（2.8）就可以得到以质量不对称度 η 为自变量的单粒子势。

求解单粒子所满足的薛定谔方程，

$$\left[-\frac{\hbar^2}{2m_0} \nabla'^2 + v(\boldsymbol{r}', \eta, \boldsymbol{l}', \boldsymbol{s}') \right] \psi_K = \epsilon_K(\eta) \psi_K \tag{2.19}$$

就可以得到依赖于质量不对称度 η 的单粒子能级 $\epsilon_K(\eta)$。K 为体系的总角动量在对称轴上的分量。在轴对称原子核体系，它与单粒子角动量沿对称轴的投影具有相同的值，$K = \Omega$。

出于理论的自洽性考虑，式（2.19）应该在某种双中心势中求解。但是为了处理具体问题的方便，我们用了包含有形变参数 β_2 和 β_3 的轴对称形变 Woods-Saxon 势来近似求解，更高阶的形变参数将在今后的工作中加以考虑。如果我们在解决具体问题时，β_2 的值取足够大，那么式（2.15）就可以给出具有"脖子"的原子核形状，而由于单粒子势 v 中包含 β_3，就可以利用其描述不对称形状的原子核体系。这样，具有轴对称形变 β_2 和 β_3 的 Woods-Saxon 势将会是双中心势的一个很好的近似，关于这一点我们将在第 3 章中以实际计算结果做进一步讨论。

2.4.2 双核系统的势能

描述体系在 η 自由度上运动的哈密顿量为

$$H_{\text{coll}} = -\frac{\hbar^2}{2}\frac{\mathrm{d}}{\mathrm{d}\eta}\frac{1}{B_\eta}\frac{\mathrm{d}}{\mathrm{d}\eta} + U(\eta, I) \tag{2.20}$$

这里，惯量系数 B_η 是体系的有效质量[9]。在 $|\eta| \leqslant 1$ 时，双核体系的势能为

$$U(\eta, I) = B_1 + B_2 - B_{12} + V(R = R_{\mathrm{m}}, \eta, I) \tag{2.21}$$

这里，B_1，B_2 分别是组成双核系统的原子核集团 A_1，A_2 结合能的实验值；B_{12} 是单核（mononucleus）结合能的实验值；$R = R_{\mathrm{m}}$ 是相互接触时，两原子核集团中心的距离。对于一个给定的 η 值，R 总是取原子核势能极小点的值。核势 $V(R, \eta, I)$ 具有如下形式：

$$V(R, \eta, I) = V_{\text{Coul}}(R, \eta) + V_{\text{N}}(R, \eta) + V_{\text{rot}}(R, \eta, I) \tag{2.22}$$

其中，V_{Coul} 是库仑势，

$$V_{\text{Coul}} = \int \frac{\rho_1^{\text{c}} \rho_2^{\text{c}}}{|\boldsymbol{r}_1 - \boldsymbol{r}_2 - \boldsymbol{R}|} \mathrm{d}\boldsymbol{r}_1 \mathrm{d}\boldsymbol{r}_2 \tag{2.23}$$

ρ_1^{c} 和 ρ_2^{c} 是双核的电荷密度。这里假设电荷均匀分布在原子核内，所以电荷密度应该为一常数。V_{N} 是核子-核子相互作用势，依照有限费米系统理论，取为忽略动量依赖和自旋依赖的 Skyrme 形式的双折叠势（double folding potential）[15]，

$$V_{\text{N}}(R, \eta) = \int \rho_1(\boldsymbol{r}_1) \rho_2(\boldsymbol{R} - \boldsymbol{r}_2) F(\boldsymbol{r}_1 - \boldsymbol{r}_2) \mathrm{d}\boldsymbol{r}_1 \mathrm{d}\boldsymbol{r}_2 \tag{2.24}$$

其中，

$$F(\boldsymbol{r}_1 - \boldsymbol{r}_2) = C_0 \left[F_{\text{in}} \frac{\rho_1(\boldsymbol{r}_1) + \rho_2(\boldsymbol{r}_2)}{\rho_0} \right.$$
$$\left. + F_{\text{ex}} \left(1 - \frac{\rho_1(\boldsymbol{r}_1) + \rho_2(\boldsymbol{r}_2)}{\rho_0} \right) \right] \delta(\boldsymbol{r}_1 - \boldsymbol{r}_2) \qquad (2.25)$$
$$F_{\text{in,ex}} = f_{\text{in,ex}} + f'_{\text{in,ex}} \frac{N_1 - Z_1}{A_1} \frac{N_1 - Z_1}{A_2}$$

$A_i, N_i, Z_i (i = 1, 2)$ 分别为双核的质量数、中子数和质子数。其中参数 $C_0 = 300\text{MeV}$，$f_{\text{in}} = 0.09$，$f_{\text{ex}} = -2.59$，$f'_{\text{in}} = 0.42$，$f'_{\text{ex}} = 0.54$ 都由拟合大量的实验数据所得 [16]。双核密度由两参量的 Woods-Saxon 方程给出，

$$\rho_i(\boldsymbol{r}) = \frac{\rho_0}{1 + \mathrm{e}^{(r - \tilde{R}_i(\theta_i, \phi_i))/a_i}} \qquad (2.26)$$

对于轴对称的情况，

$$\rho_i(\boldsymbol{r}) = \frac{\rho_0 \sinh(\tilde{R}_i(\theta_i, \phi_i)/a_i)}{\cosh(\tilde{R}_i(\theta_i, \phi_i)/a_i) + \cosh(r/a_i)} \qquad (2.27)$$

这里，$\rho_0 = 0.17\text{fm}^3$ 是核的中心密度。在我们的计算中，核的半径参数 $r_0 = 1.15\text{fm}$，弥散系数依照质量数的不同取 $a_i = 0.48 \sim 0.55\text{fm}$。以上密度方程都适用于质量数 $A_i > 16$ 的核，对于更轻的核，我们应用下式求得原子核密度：

$$\rho_i(\boldsymbol{r}) = A_i (\gamma_i^2/\pi)^{3/2} \exp(-\gamma_i^2 r^2) \qquad (2.28)$$

γ_i 标志核子在核内的分布宽度。

在计算库仑势和核势的时候，我们考虑了双核的四极形变，具有四极形变的原子核表面公式可写为

$$\tilde{R}_i(\theta_i, \phi_i) = \tilde{R}_{0i} \left(1 + \beta_2^i Y_{20}(\theta_i, \phi_i) \right) \qquad (2.29)$$

当双核相互接触时，双核之间的距离为 $R_m \approx R_1 + R_2 + \Delta R = \tilde{R}_{01}\Big(1 + \sqrt{\frac{5}{4\pi}}\beta_2^1\Big) + \tilde{R}_{02}\Big(1 + \sqrt{\frac{5}{4\pi}}\beta_2^2\Big) + \Delta R$，$\Delta R$ 是双核相互重叠的部分，通常很小。在确定的质量不对称度 η，电荷不对称度 η_Z 和形变参数 $\beta_2^i(i = 1,2)$ 时，双核系统的势能 $V(R, \eta, I)$ 在 $R = R_m(\eta, \eta_Z, \beta)$ 处有一极小值，双核系统将会相对稳定在这一极小值处，而这一极小值所对应的是双核极对极（pole to pole）的状态。所以在计算中，我们取 R_m 为双核极对极的情况。

式（2.22）中最后一项是双核系统的转动能，

$$V_{\rm rot}(R, \eta, I)$$
$$= \frac{\hbar^2}{2\Im(\eta)}[I(I + 1) - K^2] + \frac{\hbar^2}{2\Im(\eta)}ap(-)^{I+\frac{1}{2}}\Big(I + \frac{1}{2}\Big)\delta_{K,I} \quad (2.30)$$

这里 $\Im(\eta)$ 是体系的转动惯量；第二项是 Coriolis 相互作用的一级微绕近似，它只在角动量在对称轴上的投影 $K = 1/2$ 时才不为零。

2.4.3 双核系统的转动惯量

由于 Pauli 原理的限制，双核的核核相互作用势 [式（2.24）] 有一个排斥位垒存在，它会阻碍双核相互靠近，即阻碍 R 向 $(R < R_1 + R_2)$ 的方向运动，这样使得双核重叠的部分 ΔR 的值很小，所以在计算转动惯量的时候，我们可以近似地认为体系的转动惯量为双核转动惯量之和再加上由于双核相互作用而来的附加项，

$$\Im^r(\eta) = \Im_1^r + \Im_2^r + m_0\frac{A_1 A_2}{A}R_m^2 \quad (2.31)$$

其中，$\Im_1^r$ 和 $\Im_2^r$ 分别为双核的转动惯量，这里我们取其为刚体值

$$\Im_i^r = \frac{1}{5}m_0 A_i(a_i^2 + b_i^2)$$

$$a_i = R_{0i}\left(1 - \frac{\alpha_i^2}{4\pi}\right)\left(1 + \sqrt{\frac{5}{4\pi}}\alpha_i\right)$$

$$b_i = R_{0i}\left(1 - \frac{\alpha_i^2}{4\pi}\right)\left(1 - \sqrt{\frac{5}{16\pi}}\alpha_i\right) \tag{2.32}$$

在实际的计算中，我们取

$$\Im(\eta) = c_1 \Im^r(\eta) \tag{2.33}$$

如果所研究的核为超形变核，那么我们知道超形变核的转动惯量通常为刚体值的 85%，这样通常取 $c_1 = 0.85$ 。在计算双核系统的单核（mononucleus）组态时，因为我们并不知道单核的转动惯量的值，所以取为

$$\Im(|\eta| = 1) = c_2 \Im^r(|\eta| = 1) \tag{2.34}$$

c_2 的值可以通过拟合实验上转动谱能级的低激发态得到。

2.4.4　薛定谔方程的求解

当我们得到单粒子能级以及双核系统的势能后，双核系统的静态薛定谔方程给出如下：

$$\left[-\frac{\hbar^2}{2}\frac{\mathrm{d}}{\mathrm{d}\eta}\frac{1}{B_\eta}\frac{\mathrm{d}}{\mathrm{d}\eta} + U(\eta, I) + \epsilon_K(\eta)\right]\phi(\eta, I) = E(I)\phi(\eta, I) \tag{2.35}$$

这里我们可以将 $U_{\text{eff}} = U(\eta, I) + \epsilon_K(\eta)$ 看作是包含双核核心和外层价核子的有效势场。对于没有外层奇核子的体系，$U_{\text{eff}} = U(\eta, I)$，即

$\epsilon_K(\eta) = 0$ 且 $K = 0$，这时，双核模型与原有处理偶偶核的模型完全一致。波函数 $\phi(\eta, I)$ 可以看作是包含单核组态在内的各种不同双核集团组态的叠加。我们应该注意这里单核组态与原子核本身的区别，单核组态是原子核的一个内禀组态；而原子核本身在实验室坐标系下是反射对称的，它的波函数是单核组态以及其他各种集团组态的叠加。

文献 [10] 中同样也用 $U_{\text{eff}} = U(\eta, I) + \tilde{\epsilon}_K(\eta)$ 作为体系的势能来求解奇质量核的薛定谔方程，但是与本节的不同在于，在文献 [10] 中，最外层的奇核子被认为属于双核中较重的核，例如，$^{A-4}(Z-2)+^4$He 组态中的 $^{A-4}(Z-2)$ 集团，但是由于奇核子没有其他偶偶配对核子那样稳定地被束缚在原子核内，所以它对双核中较轻的核$\left(\text{如 }^{A-4}(Z-2)\right)$会有比较大的影响，这种影响通过增大较重核的弥散系数来近似考虑。所以，在文献 [10] 中，奇核子对原子核势能的贡献 $\tilde{\epsilon}_K$ 并没有做微观计算，而是通过参数化的方法拟合实验结果来得到的。而在本节中，单粒子对势能的贡献 ϵ_K 则是通过求解单粒子满足的薛定谔方程 [式（2.19）] 得到的。

在解方程（2.35）时，为了求解方便，我们用变量 x 来代替 η 求解，x 定义如下：

$$\begin{aligned} x &= \eta - 1, \quad \eta > 0 \\ x &= \eta + 1, \quad \eta \leqslant 0 \end{aligned} \tag{2.36}$$

用光滑的有效势场 $U_{\text{eff}}(x, I)$ 代替原来的阶梯形势场 $U_{\text{eff}}(\eta, I)$（见第 7 章图 7.1），

$$U_{\text{eff}}(x, I) = \sum_{k=0}^{4} a_{2k}(I)x^{2k} \tag{2.37}$$

这里 $U_{\text{eff}}(x, I)$ 走遍点 $x = 0, x = x_\alpha, x = x_{\text{Li}}$。在计算中,为了使 $U(x, I)$ 在 $|x| \geqslant x_{\text{Li}}$ 时保持上升的趋势，我们在式（2.37）中加了一个系数 a_8。

第 3 章　相对论平均场理论

3.1　基本思想

相对论平均场理论是目前应用得比较广泛的一个相对论性的理论。它的发展最早要追溯到 1975 年，汤川秀树（Yukawa）提出核力的介子交换理论 [17]，认为核子是通过交换带有质量的玻色子–介子而相互作用的。1952 年，Schiff 等 [18] 提出了以重子和经典标量介子为基础的核多体系统的相对论场论。1974 年，Walecka [19,20] 为了解决高密物质问题提出了可重整化的含有 σ 标量和 ω 矢量介子场的相对论平均场（RMF）理论，以及平均场的近似求解方法，即用介子场的基态期待值来代替介子场的场算符。这使得原来无法求解的互相耦合的微分方程组变得可解，在实际处理核多体系统中有着很重大的意义。1977 年，Boguta 和 Bodmer [21] 为了更好地描述半无限核物质的不可压缩性，引入了 σ 的非线性耦合项。1979 年，Serot 引入了 ρ 和 π 介子场，并将其应用于有限核中 [22]。至此，包含 σ, ω, ρ 介子以及核子的相对论平均场理论基本建立起来了。

相对论平均场理论仍旧在不断地完善和发展，对于相对论平均场理论近期的发展和应用可见文献 [23-25]。其中，RMF 对转动原子核的研究见文献 [26] 和 [27]；对滴线原子核的研究见文献 [28] 和 [29]；对集体激发态的研究见文献 [30-32]；对磁转动的研究见文献 [33]；对超核的研

究见文献 [34]；对于超形变核的研究见文献 [35] 和 [36]；对核物质和有限核的一些物理性质的成功描述见文献 [24], [25], [29], [37] 和 [38]。

相对论平均场理论在过去的三十多年历史中，成功地描述了一些原子核性质，在核结构研究中越来越受到人们的重视。相对论平均场描述核子之间的相互作用是通过介子交换势，基于介子交换势的相互作用参数相对稳定，可以利用在稳定核区获得的参数，计算远离 β 稳定线的实验数据较少的原子核的性质。由于 RMF 可以自洽地给出自旋–轨道耦合，所以它可以较好地描述远离 β 稳定线的奇特核的壳效应。另外，RMF 对中能核子散射、原子核集体激发中的巨共振和原子核的超形变态都有比较成功的描述。对于原子核的基态性质，如均方根半径、束缚能、核密度分布质量、同位素移等都和基于 Skyrme 力的 Hartree-Fock 方法一样成功。在高密的热核物质中，由于相对论效应变得不可忽视，这时，相对论理论就必不可少了。尽管 RMF 理论取得了很大的成就，我们也必须看到，RMF 理论只是一个"相对微观自洽"的理论，因为模型中使用的介子质量、耦合常数等参量是由符合原子核的结合能和半径等实验数据得到的，而不是出于更微观的理论。而且在实际应用当中，人们也总是由有效拉氏量出发来得到核子运动的方程。所以它还不是一个完全的微观自洽理论。

3.2   相对论平均场模型

3.2.1   一般的相对论平均场理论拉格朗日量

在相对论平均场理论中，核子被看作 Dirac 粒子，它们之间的相互作用通过交换介子（Mesons）来实现。自然界中存在许多的重子、介子，任何理论模型都不可能考虑进所有这些粒子和介子。取包含核子（ψ），同位旋标量介子（σ 和 ω），同位旋矢量介子（ρ）和光子场（A）的有效拉氏量密度作为理论的出发点，

$$
\begin{aligned}
\mathfrak{L} = &\bar{\psi}\left[\mathrm{i}\gamma^\mu\partial_\mu - m - g_\sigma\sigma - g_\omega\gamma^\mu\omega_\mu - g_\rho\gamma^\mu\boldsymbol{\tau}\cdot\boldsymbol{\rho}_\mu - e\gamma^\mu\frac{1-\tau_3}{2}A_\mu\right]\psi \\
&+\frac{1}{2}\partial^\mu\sigma\partial_\mu\sigma - \frac{1}{2}m_\sigma^2\sigma^2 - \frac{1}{3}g_2\sigma^3 - \frac{1}{4}g_3\sigma^4 \\
&-\frac{1}{4}\Omega^{\mu\nu}\Omega_{\mu\nu} + \frac{1}{2}m_\omega^2\omega^\mu\omega_\mu \\
&-\frac{1}{4}\boldsymbol{R}^{\mu\nu}\cdot\boldsymbol{R}_{\mu\nu} + \frac{1}{2}m_\rho^2\rho^\mu\cdot\rho_\mu \\
&-\frac{1}{4}F^{\mu\nu}F_{\mu\nu}
\end{aligned}
\tag{3.1}
$$

场张量项的定义如下：

$$
\begin{aligned}
\Omega^{\mu\nu} &\equiv \partial^\mu\omega^\nu - \partial^\nu\omega^\mu \\
\boldsymbol{R}^{\mu\nu} &\equiv \partial^\mu\boldsymbol{\rho}^\nu - \partial^\nu\boldsymbol{\rho}^\mu \\
F^{\mu\nu} &\equiv \partial^\mu A^\nu - \partial^\nu A^\mu
\end{aligned}
\tag{3.2}
$$

这里，同位旋标量介子 σ 和 ω 分别提供中程吸引和短程排斥作用，同位旋矢量介子 ρ 描述中子和质子的区别，光子场 A 描述原子核的电磁属性。

3.2.2 核子与介子场的运动方程

利用哈密顿变分原理，

$$
\delta\int_{t_1}^{t_2}L\mathrm{d}t = \delta\int_{t_1}^{t_2}\mathrm{d}t\int_V\mathrm{d}^3\boldsymbol{x}\mathfrak{L}[\phi(x),\partial_\mu\phi(x)] = 0
\tag{3.3}
$$

可以得到 Eular-Lagrange 正则场方程

$$\frac{\partial \mathfrak{L}}{\partial \phi} - \partial_\mu \frac{\mathfrak{L}}{\partial(\partial_\mu \phi)} = 0 \tag{3.4}$$

这里, ϕ 代表任意物理场 ($\phi \equiv \psi, \sigma, \omega, \rho, A$), $x \equiv (\boldsymbol{x}, t)$。将拉氏量密度 $\mathfrak{L}$ 代入式 (3.4), 就可以得到核子场的运动方程

$$\left[i\gamma^\mu \partial_\mu - (m + g_\sigma \sigma) - g_\omega \gamma^\mu \omega_\mu - g_\rho \gamma^\mu \boldsymbol{\tau} \cdot \boldsymbol{\rho}_\mu - e\frac{1-\tau_3}{2}\gamma^\mu A_\mu \right] \psi = 0 \tag{3.5}$$

介子场以及光子场的运动方程,

$$(\partial^\mu \partial_\mu + m_\sigma^2)\sigma = -g_\sigma \rho_s - g_2 \sigma^2 - g_3 \sigma^3$$

$$\partial_\mu \Omega^{\mu\nu} + m_\omega^2 \omega^\nu = g_\omega j^\nu$$

$$\partial_\mu \boldsymbol{R}^{\mu\nu} + m_\rho^2 \boldsymbol{\rho}^\nu = g_\rho \boldsymbol{j}^\nu$$

$$\partial_\mu F^{\mu\nu} = e j_c^\nu \tag{3.6}$$

其中, ρ_s 为标量密度, j^ν、$\boldsymbol{j}^\nu$ 分别为重子流和同位旋矢量流, 而 j_c^ν 为电磁流

$$\rho_s \equiv \bar{\psi}\psi$$

$$j^\nu \equiv \bar{\psi}\gamma^\nu \psi$$

$$\boldsymbol{j}^\nu \equiv \bar{\psi}\gamma^\nu \boldsymbol{\tau} \psi \tag{3.7}$$

$$j_c^\nu \equiv \bar{\psi}\gamma^\nu \frac{1-\tau_3}{2}\psi$$

描述核子场运动的方程 (3.5) 是一个 Dirac 方程。方程 (3.6) 中, 描述标量介子 (σ) 运动的方程是 Klein-Gordon 方程, 描述矢量介子 (ω 和 ρ) 运

动的方程是 Proca 方程，后者通过洛伦兹规范可以转化为 Klein-Gordon
方程。核子运动方程的伴随方程为

$$\bar{\psi}\bigg[\mathrm{i}\gamma^{\mu}\partial_{\mu} + (m + g_{\sigma}\sigma) + g_{\omega}\gamma^{\mu}\omega_{\mu}$$

$$+ g_{\rho}\gamma^{\mu}\boldsymbol{\tau}\cdot\boldsymbol{\rho}_{\mu} + e\frac{1-\tau_3}{2}\gamma^{\mu}A_{\mu}\bigg] = 0 \tag{3.8}$$

方程（3.5）和（3.6）是关于场的非线性微分方程组，精确求解非常困
难。核子场和介子场的耦合是强相互作用，对应的耦合常数 g_{σ}、g_{ω} 和
g_{ρ} 都很大，也无法用微扰的方法进行求解。所以在实际的计算中常常引
入适当的近似来简化方程的求解。

3.2.3 静态相对论平均场方程

在平均场近似下，介子场和电磁场的场算符用相应的基态期待值代
替，即 $\sigma \to \langle\sigma\rangle$，$\omega \to \langle\omega\rangle$，$\rho \to \langle\rho\rangle$，$A \to \langle A\rangle$，这样使得原本无法求解
的问题变得可解，当重子数密度增大的时候，这种代替会显得越来越有
效。其次，在静态条件下，介子和电磁场都成为与时间无关的静态势，
相应场方程中就不再包含对时间的导数，核子场方程也可以直接求其
定态解。再次，考虑电荷守恒，即在原子核体系中不存在中子与质子之
间的相互转换，这样同位旋矢量介子就只有第三分量不为零。另外，假
设体系具有时间反演不变性和空间反演不变性，这样所有流（j^{ν}, $\boldsymbol{j}^{\nu}$, j^{ν}_{c}）
的空间分量将消失。然后，就可以得到静态的相对论平均场方程

$$\{\boldsymbol{\alpha}\cdot\boldsymbol{p} + \beta[m + S(\boldsymbol{r})] + V(\boldsymbol{r})\}\psi_i = \epsilon_i\psi_i \tag{3.9}$$

$$\{-\nabla^2 + m_\sigma^2\}\sigma = -g_\sigma\rho_s - g_2\sigma^2 - g_3\sigma^3$$

$$\{-\nabla^2 + m_\omega^2\}\omega_0 = -g_\omega\rho_v$$

$$\{-\nabla^2 + m_\rho^2\}\rho_0^{(3)} = -g_\rho\rho_3 \tag{3.10}$$

$$-\nabla^2 A_0 = e\rho_c$$

在 Dirac 方程（3.9）中，矢量势 $V(\boldsymbol{r})$ 和标量势 $S(\boldsymbol{r})$ 分别为

$$V(\boldsymbol{r}) = g_\omega\omega_0 + g_\rho\tau_3 \cdot \rho_0^{(3)} + e\frac{1-\tau_3}{2}A_0 \tag{3.11}$$

$$S(\boldsymbol{r}) = g_\sigma\sigma \tag{3.12}$$

在介子场和光子场方程（3.10）中，标量密度 ρ_s，重子密度 ρ_v，同位旋矢量密度 ρ_3 和电荷密度 ρ_c 分别为

$$\rho_s = \sum_{i=1}^{A} \bar{\psi}_i\psi_i$$

$$\rho_v = \sum_{i=1}^{A} \bar{\psi}_i\gamma^\nu\psi_i$$

$$\rho_3 = \sum_{i=1}^{A} \bar{\psi}_i\gamma^\nu\tau_3\psi_i \tag{3.13}$$

$$\rho_c = \sum_{i=1}^{A} \bar{\psi}_i\gamma^\nu\frac{1-\tau_3}{2}\psi_i$$

方程（3.9）～（3.13）可通过数值迭代的方法求解。

3.2.4　核物质的能量密度和压强

应用平均场近似后，拉格朗日量变为

$$\langle\mathfrak{L}\rangle = -\frac{1}{2}m_\sigma^2\sigma^2 + \frac{1}{2}m_\omega^2\omega_0^2 + \frac{1}{2}m_\rho^2\rho_0^2 - \frac{1}{3}g_2\sigma^3 - \frac{1}{4}g_3\sigma^4 + \frac{1}{4}c_3\omega_0^4 \tag{3.14}$$

能量密度和压强分别可以表示为

$$\epsilon = -\langle \mathfrak{L} \rangle + \langle \bar{\psi}\gamma_0 k_0 \psi \rangle \tag{3.15}$$

$$p = \langle \mathfrak{L} \rangle + \frac{1}{3}\langle \bar{\psi}\gamma \cdot k \psi \rangle \tag{3.16}$$

经计算可得

$$
\begin{aligned}
\epsilon = &\frac{1}{2}m_\sigma^2\sigma^2 - \frac{1}{2}m_\omega^2\omega_0^2 - \frac{1}{2}m_\rho^2\rho_0^2 + \frac{1}{3}g_2\sigma^3 + \frac{1}{4}g_3\sigma^4 - \frac{1}{4}c_3\omega_0^4 \\
&+ \frac{1}{\pi^2}\Bigg\{ \int_0^{k_n} k^2 \mathrm{d}k \sqrt{k^2+(m+g_\sigma\sigma)^2} \\
&+ \int_0^{k_p} k^2 \mathrm{d}k \sqrt{k^2+(m+g_\sigma\sigma)^2} \Bigg\}
\end{aligned} \tag{3.17}
$$

$$
\begin{aligned}
p = &-\frac{1}{2}m_\sigma^2\sigma^2 + \frac{1}{2}m_\omega^2\omega_0^2 + \frac{1}{2}m_\rho^2\rho_0^2 - \frac{1}{3}g_2\sigma^3 - \frac{1}{4}g_3\sigma^4 + \frac{1}{4}c_3\omega_0^4 \\
&+ \frac{1}{3\pi^2}\Bigg\{ \int_0^{k_n} \frac{k^4}{\sqrt{k^2+(m+g_\sigma\sigma)^2}}\mathrm{d}k \\
&+ \int_0^{k_p} \frac{k^4}{\sqrt{k^2+(m+g_\sigma\sigma)^2}}\mathrm{d}k \Bigg\}
\end{aligned} \tag{3.18}
$$

上式中积分可通过积分公式求出。

第 4 章　超形变核态

原子核的形状呈现多样性，除了球形外，原子核还可以具有稳定的轴对称形变、三轴形变以及其他奇特的原子核形变。在轴对称形变中，根据长短轴之比的不同，又可以分为正常形变（normal deformation，长短轴之比为 3:2）、超形变（super deformation，长短轴之比为 2:1）和巨超形变（hyperdeformation，长短轴之比为 3:1）。原子核具有稳定的超形变是指处于激发态的原子核相对稳定地被束缚在某一势能极小处，而这一势能极小对应于原子核的形状呈现长短轴之比为 2:1（形变参数 [6] ε_2=0.6）的对称椭球形变 [39,40]。现在也泛指长短轴之比大于 3:2（形变参数 ε_2=0.4）的椭球形变 [41]。

随着第一例超形变转动带的发现 [42]，超形变核态成为核物理研究中十分活跃的前沿领域。直到现在，它仍旧是核物理研究中比较活跃的领域之一。目前，对这一领域的研究虽然已经达成一些共识，但是还有很多有争议的问题，如全同带形成的微观机制，角动量顺排及其相加性等。同时，对于相关的一些问题，如对关联，壳结构变化，中子质子相互作用等也一直没有找到很好的解决方案。而且，目前国际上关于超形变核性质的计算都远远做不到精确的定量描述。在研究对象上，对超形变核态的研究工作绝大多数都集中在偶偶核上。对于奇质量的核，尤其是奇奇核，由于涉及两个不配对的奇核子，情况比较复杂。奇核子的贡献会使得原子核呈现出与偶偶核所不同的性质，带来一些新问题。目前，对奇奇核的研究比较少。针对这种状况，我们对 $A \sim 190$ 质量区奇奇核中观测到的超形变转动带转动惯量随角动量变化的微观机制，角动量顺排相加性以及全同带形成的微观机制在推转壳模型的基础上做了详细的研究。同时，我们也对对关联的处理、$A \sim 190$ 质量区超形变核的单粒子能级壳层结构等问题做了讨论。

4.1 原子核大形变稳定存在的原因

原子核在大形变下能够稳定存在主要是由于壳效应（shell effect）的影响。壳效应是由粒子对分布不均匀的单粒子束缚态能级的不同填充而产生的一种微观量子效应。根据液滴模型的计算，原子核的基态应该是球形的（满壳核）。但是计及壳效应，有些核的基态就是长椭球形的（远离满壳的核），如稀土区和锕系区的核，其基态形变比较大（形变参数 $\varepsilon_2 > 0.3$）[43-45]。由于壳效应，原子核还存在形变更大的稳定激发态。处于闭壳的球形核可以稳定存在与单粒子能谱中大能隙，即幻数 (2, 8, 20, 28, 50, 82, 126, $\cdots$) 的存在密切相关。我们观察对于不同形变画出的质子和中子的单粒子能级图 [6]，会发现对应于不同的形变，这些单粒子能级中存在着与球形核类似的大能隙 [46]（图 4.1）。如果一个原子核的质子和中子的费米能都处在这样的大能隙处，由于受到壳效应的影响，形变核就可以稳定存在。

推转的 Strutinsky 方法 [39,40] 常用来计算原子核的表面势能 [48]，进而确定原子核的形变。在这一方法中，核的总能量由液滴能和壳修正能

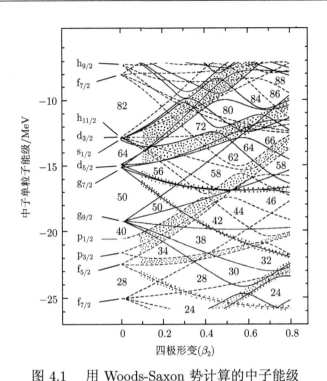

图 4.1   用 Woods-Saxon 势计算的中子能级

图中数字表示能级所对应的中子数，散点表示能级较密的区域（取自文献 [47]）

之和得到。其中液滴能又是由库仑能、表面能和转动能求得的。所有各项都以形变为自变量。原子核中质子之间相互排斥的库仑能与使核趋于收缩的表面能相互竞争，达到平衡。当核发生形变时，质子之间距离的增大会使库仑能减小。而表面能却会因为核表面积的增大而增大。这时，基于这种平衡，壳修正将会使核表面势能产生一个局域极小值，使形变原子核可以稳定存在。但是，当原子核的形变很大时，由液滴模型计算的形变能大大超过由壳效应而导致的结合能的减小，所以这时大形变的核是不会稳定存在的。但是如果考虑核的高自旋态，对于给定的角动量，大的长椭球形变会大大减小体系的转动能，从而平衡大形变下核的表面能。这样，原子核的超形变态可以稳定存在。如图 4.2 所示，上

边部分为 $I=0$ 时 ^{236}U 的势能随形变 ε 的变化。在 $\varepsilon \approx 0.25$ 附近出现的第一极小是 ^{236}U 基态转动带的形变区，而在 $\varepsilon \approx 0.60$ 附近出现的第二极小则是 ^{236}U 的裂变同质异能态。图中下半部分是 ^{152}Dy 的势能曲线，当 $I=0$ 时，没有第二极小点，但在 $I=40$ 时，和 ^{236}U 类似，出现了第二极小点。

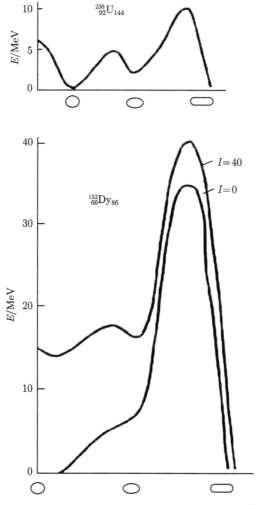

图 4.2 $^{236}_{92}$U 和 $^{152}_{66}$Dy 的裂变位垒示意图[49]

4.2　超形变核态

4.2.1　几个重要概念

在介绍超形变有关问题之前，这里先简要地陈述几个重要的概念，以便我们能够更好地理解相关问题。

转动带能谱　作为一个量子多体系统，球形原子核的转动是没有意义的，因为转动前后的量子态是相同的。所以，只有变形核才有集体转动。同样，对于一个轴对称形变的体系，绕对称轴的整体转动也没有意义。关于超形变核的认识主要来源于转动带能谱。转动能谱是指由四极 $\gamma(E_2)$ 跃迁连接起来的一系列具有相同宇称的能级。这些能级的能量粗略地遵循以下转动谱规律：

$$E_I = \frac{\hbar^2}{2J}I(I+1) \tag{4.1}$$

其中，I 为体系的总角动量（angular momentum）；J 是原子核的转动惯量（momental of inertia）。

角动量顺排　原子核沿集体转动方向（记为 x 轴）的角动量，也称之为角动量沿转动方向的顺排（alignment），与 Routhian 随转动频率 ω 变化的斜率反号，

$$\langle\mu|j_x|\mu\rangle = -\frac{\mathrm{d}e'_\mu}{\mathrm{d}\omega} \tag{4.2}$$

其中，$|\mu\rangle$ 表示单粒子态，e'_μ 是相应的 Routhian，ω 是体系的转动频率，在很多情况下可以认为与自旋 I 呈线性关系。通过 γ 跃迁，我们可以

计算转动频率,

$$\hbar\omega(I) = \frac{\mathrm{d}E_I}{\mathrm{d}I_x} \approx \frac{E_\gamma(I+1 \to I-1)}{2} \quad (I \gg K) \tag{4.3}$$

I_x 是原子核各粒子的顺排角动量之和,

$$I_x = \sum_\mu \langle\mu|j_x|\mu\rangle \tag{4.4}$$

一般来讲, 转动惯量 J 并不能保持为常数, 而是随 ω 的增大而缓慢增加的 (I 不太大时)。而且, 对于不同的转动带, J 也会有很大的差别。这样, 对于同一个核的不同转动带, I_x 的值就会不同。在研究两条转动带之间关系时考虑相对角动量顺排 (也简称之角动量顺排) 就更具有意义

$$i_{A,B}(\omega) = I_A(\omega) - I_B(\omega) \tag{4.5}$$

其中, I_B 通常取为晕带的角动量顺排, 而 I_A 为激发带的角动量顺排。

转动惯量 将运动学转动惯量 (dynamical moment of inertia) $J^{(1)}$ 和动力学转动惯量 (kinematic moment of inertia) $J^{(2)}$ 定义如下:

$$J^{(1)}/\hbar^2 = I_x \left(\frac{\mathrm{d}E}{\mathrm{d}I_x}\right)^{-1} = \frac{I_x}{\hbar\omega} \tag{4.6}$$

$$J^{(2)}/\hbar^2 = \left(\frac{\mathrm{d}^2E}{\mathrm{d}I_x^2}\right)^{-1} = \frac{\mathrm{d}I_x}{\mathrm{d}(\hbar\omega)} \tag{4.7}$$

这两类转动惯量也分别称作第一类转动惯量和第二类转动惯量。这两类转动惯量的关系为

$$J^{(2)} = \frac{\mathrm{d}I_x}{\mathrm{d}\omega} = \frac{\mathrm{d}}{\mathrm{d}\omega}(\omega J^{(1)}) = J^{(1)} + \omega\frac{\mathrm{d}J^{(1)}}{\mathrm{d}\omega} \tag{4.8}$$

对于刚性转子，$J^{(1)} \approx J^{(2)}$，转动惯量与 ω 无关，这两类转动惯量的定义是等价的。在这里，区分这两类转动惯量是基于原子核获得高角动量时的两种机制：集体转动和单粒子顺排。单粒子角动量沿转动轴方向的顺排会影响核的总自旋，由于 $J^{(1)}$ 与自旋 I 相关，所以单粒子顺排的信息会直接反映在 $J^{(1)}$ 上。相反，由于 $J^{(2)}$ 只与 I 的一阶微分有关，所以 $J^{(2)}$ 与粒子的内部运动关系比 $J^{(1)}$ 与粒子的内部运动关系更为紧密。因此，理论上，人们往往更加重视 $J^{(2)}$ 随 ω 的变化关系。实验上可根据转动带相邻能级之间的 γ 跃迁能量提取它们的值，

$$J^{(1)}(I)/\hbar^2 \approx \frac{2I+1}{E_\gamma(I+1 \to I-1)} \tag{4.9}$$

$$J^{(2)}(I)/\hbar^2 \approx \frac{4}{E_\gamma(I+2 \to I) - E_\gamma(I \to I-2)} \tag{4.10}$$

4.2.2   超形变转动带

超形变的概念最早提出于 20 世纪 60 年代末，用来解释当时在锕系核中观测到的裂变同质异能态 [39,40]。后来又在较轻的核中预言了高自旋超形变核态的存在 [50-55]。而实验上，直到 1986 年，P. Twin 及其合作者才在英国的 Daresbury 实验室观测到了第一条高自旋超形变转动带（superdeformed band）[42]。到目前为止，已有大约三百多条超形变转动带分别在 $A \sim 20, 40, 60, 80, 110, 130—150, 190$ 及 240 质量区中被观测到 [56-61]。其中，以 $A \sim 150$ 和 190 质量区超形变核的实验数据最为丰富，其转动惯量随角动量的变化也最为典型。

费米面附近的单粒子能级结构是理解超形变核结构的关键。根据推转壳模型的计算结果，当形变参数 $\varepsilon_2 \approx 0.6$（长短轴比为 2:1）时，

$Z = 66$ 和 $N = 86$ 出现很大的壳能隙。而在形变参数 $\varepsilon_2 \approx 0.45 \sim 0.5$ 时，$Z = 64$ 和 $N = 80$ 出现新的能隙。处于这些能隙的原子核可以看作是"双幻"变形核。这样的变形核可以稳定存在。由于原子核的形变比较大，一些高-N 的大壳轨道会闯入较低的壳层中，这些高-N 轨道随频率 ω 的变化比较敏感，对超形变核的微观结构影响比较大。超形变带的微观结构可以通过核子对高-N 闯入轨道的占据来解释[62]。对应于一个超形变带的组态指定通常可以表示为 $\pi i^n \nu j^m$ 的形式（i, j 分别表示质子和中子的高-N 轨道），其中 n 指有 n 个质子占据 $N = i$ 的轨道，m 指有 m 个中子占据 $N = j$ 的轨道。

对于 $A \sim 150$ 质量区，目前实验上有近 70 多条超形变转动带在 Gd、Tb、Dy 和 Ho 核中被观测到[56]。从这些带可以看到，$A \sim 150$ 区中超形变带的 γ 跃迁能比较大（650~1500keV），其自旋值较高（所能承受最大角动量达 60$\hbar$ [63]）。这样，与 ω 相关的 Coriolis 反配对效应就非常强。而且这个区费米面附近的单粒子能级密度比较低。所以对关联（pairing correlation）所起的作用就很小。目前为止对于这个区中超形变带的研究比较多，理论上把动力学转动惯量随角频率的变化趋势归因于占据高-N 闯入轨道的粒子沿转动方向的顺排[64]。

对于 $A \sim 190$ 质量区，目前实验上已经观测到 80 多条超形变转动带。其形变参数 $\varepsilon_2 \approx 0.45$（长短轴之比约 3:2）。各转动带的组态都涉及大能隙壳层，$Z = 80$ 和 $N = 112$ [65,66] 附近的能级。相比于 $A \sim 150$ 区，$A \sim 190$ 区的超形变带呈现以下特点：γ 跃迁能比较小（250~850keV），其自旋值较低（所能承受的最大角动量仅 50$\hbar$ 左右[63]）；费米面附近能级密度比较高。这样，对关联在 $A\sim190$ 区超形变带的微观性质中起到比较重要的作用。由于在这个区中各个带之间对高-N 闯入轨道的占据变化不大，所以多数带具有相似的动力学转动惯量。在 $A\sim190$ 区中，绝大多数超形变带随角动量的变化都很规则，尤其是偶偶核的晕带（yrast band），其动力学转动惯量 $J^{(2)}$ 随角频率的增大而光滑增大，在实验观测到的角频率范围（$\hbar\omega = 0.1\sim0.4\text{MeV}$）内，$J^{(2)}$ 增大 30%～40%。这是由于随着角动量的增加，对力逐渐减小，占据高-N 闯入轨道的粒子沿转动方向的顺排造成的。对于奇奇核，由于涉及双重堵塞效应，其转动惯量随角频率的变化最为复杂，对它的研究也最少。所以本节选择了 $A\sim190$ 区几个典型的奇奇核作为研究对象来讨论超形变核态。关于它的情况，我们将在后文中详细论述。

原则上，超形变带可以通过 γ 跃迁而衰变到具有较小形变，且自旋和宇称都已知的能级，再由级联衰变达到基态，从而确定其自旋和宇称的。目前，除极少数超形变带 [如 ^{191}Hg(1) [67] 和 ^{193}Hg [68]] 通过间接的实验证据可以获得其退激发到正常形变带的 γ 跃迁，从而推知其自旋值外，在 $A\sim150$ 和 190 区中，绝大多数超形变带，在实验上无法观测到其到正常形变带的退激发。相应地，就无法得到超形变带的自旋值。目前，超形变带的自旋值通常是用某些理论公式拟合而得到的 [69,70]。但是这些结果会受到理论本身可靠性的影响。从上文中可以发现，自旋值是研究超形变带微观结构的一个不可或缺的，非常重要的物理量，它的确定会影响到转动惯量、角动量顺排等重要物理量的值。而且，探知超形变带的布局机制以及超形变态和正常形变态的混合与转化本身也是

研究形变原子核结构的一个重要途径。所以，通过实验分析和理论计算
来理解超形变带的退激发机制，从而确定超形变带的自旋值仍旧是超形
变核态研究所面临的一个挑战。对于超形变核态研究的综述性文章可参
阅文献 [48], [57], [64], [71-74]。

4.2.3 超形变转动全同带

1990 年，实验核物理学家发现 ^{151}Tb 与 ^{152}Dy 的 γ 跃迁能在一定
的频率范围内几乎完全一样（相差仅 1~2keV，超形变带的 γ 跃迁能为
几百个 keV）[75]。这就意味着这两条转动带具有近似相等的转动惯量
（相差仅千分之几）。而理论上不同原子核之间的质量差将会造成刚体转
动惯量约有百分之一的差别。在此之前的五十多年里，人们认为，与原
子的特征谱线类似，每一个原子核都应该有自己特定的谱线。因此，这
一惊人的发现引起了实验和理论核物理学家极大的兴趣。随后不久，在
Dy [76] 和 Hg [77,78] 中也观测到了另外几对超形变全同带。

如果说在超形变区发现全同带出人意料，那么在正常形变区观测到
全同带的存在 [79-81] 就更加令人费解了。因为正常形变带都具有较低的
自旋值，对力效应在低自旋时是不可忽略的。奇核子的存在将会导致对
力的减小 [82]。这样，奇-A 核的转动惯量将会比相邻偶偶核的转动惯量
大 10%~15% [14]，这一点已经被实验所证实。而全同带的发现就意味着
在很多情况下，这种对力效应的失效。这就需要人们对核子对力做出合
理的解释。

目前，实验上在 A~130,150 和 190 区都观测到有超形变全同带存
在。面对丰富的实验数据，理论物理学家试图应用各种不同的理论模型

对隐藏在全同带背后的物理实质做出合理解释。但直到目前为止，全同带形成的微观机制还是一个悬而未决的问题。现在国际上比较流行的有两种观点：一种认为全同带只是壳效应、对关联、堵塞效应、转动顺排以及 Coriolis 反配对效应等各种因素综合作用的结果[83-85]。而另一种观点则认为，全同带的背后隐藏着某种还不被人们认识的对称性，是这种对称性造成不同原子核的转动带有着近似相同的 γ 跃迁能和转动惯量的[86-88]。还有一些其他的观点，我们不在这里详细地列出，可以参阅文献 [64] 和 [89]。

　　研究全同带形成的微观机制，不仅对理解问题本身很重要，而且对于我们更好地认识原子核的微观结构，理解原子核丰富的集体运动以及完善现有理论本身都有很重要的意义。一个以 keV 量级来度量的物理问题，要求理论能够对所需的物理量给出更加微观、更加精确的计算结果。而现有的各种理论模型都做不到这一点。而且，它对于我们理解核子之间有效相互作用也提出了新的要求，尤其是对相互作用和与转动有关的各种效应。

第 5 章 A~190 区超形变转动带研究

本章我们将应用推转壳模型下处理对力的粒子数守恒方法对 A~190 质量区中的奇奇核 ^{192,194}Tl，以及相邻奇-A 核 ^{193,195}Tl 中观测到的超形变（SD）转动带与超形变转动全同带（IB's）进行研究。5.1 节中，我们讨论转动惯量随角频率变化的微观机制和与之相关的自旋指定、角动量顺排及其相加性等问题。5.2 节，我们解释奇奇核与奇-A 核中全同带形成的微观机制，以及全同带中角动量顺排量子化的问题。

5.1 转动惯量随角频率变化的微观机制

在 A~190 质量区，绝大多数动力学转动惯量（moments of inertia, MoI）$J^{(2)}$ 随着角频率的增大呈缓慢的上升趋势，正如引言中所说，这是由于随着集体转动的增强，对力逐渐被削弱，占据高-N 闯入轨道的粒子沿转动方向的逐渐顺排所导致的。在这样的图像下，对高-N 闯入轨道的 Pauli 堵塞将会使 $J^{(2)}$ 几乎保持为常数。在有些核中，$J^{(2)}$ 甚至会随着角频率的增加而降低（图 5.1）。实验数据显示（图 5.1），在带首附近，0-准粒子的动力学转动惯量比 1-准粒子（一个质子或者中子轨道被堵塞）低，而 1-准粒子的 $J^{(2)}$ 又比 2-准粒子（质子和中子轨道同时被堵塞）低。在奇奇核中带首转动惯量比较大是由于单粒子的堵塞使对力在很大程度被减弱。可是尽管如此，实验上在奇奇核和与之相邻的偶偶核之间还是观测到了全同带的存在。下面我们就详细讨论奇奇核中堵塞及对力对转动惯量的影响以及全同带形成的微观机制。

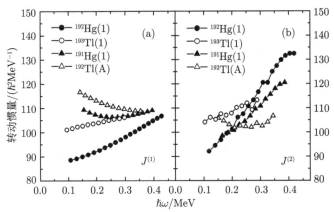

图 5.1　实验上 0-准粒子带（^{192}Hg(1)），1-准粒子带（^{193}Tl(1)，^{191}Hg(1)）和 2-准粒子带（^{192}Tl(A)）中的转动惯量 $J^{(1)}$ 和 $J^{(2)}$

5.1.1　参数的确定

在我们的计算当中，共有六个参数，即 Nilsson 参数（κ, μ）；四极和十六极形变参数（$\varepsilon_2, \varepsilon_4$）以及单极和四极有效对力强度（$G_0, G_2$）。其中，Nilsson 参数（$\kappa, \mu$）取自文献 [7]，在以下的计算当中对于 $N = 6$ 大壳的值略有调整。形变参数的选取对于不同的核略有不同，^{192}Tl 的形变参数取为 $\varepsilon_2 = 0.48, \varepsilon_4 = 0.048$，而 ^{193,194,195}Tl 的形变参数则为 $\varepsilon_2 = 0.46, \varepsilon_4 = 0.03$。有效对力强度的确定稍困难一些。通常对于正常形变（ND）核，有效对力强度可以通过实验测得的结合能奇偶差以及转动惯量的奇偶差来决定。可是对于超形变带，由于缺乏结合能奇偶差的实验数据，所以在这里只能拟合实验观测角频率范围内的转动惯量来确定。这样，以 MeV 为单位，质子和中子的单极与四极有效对力强度分别为：$G_{0p} = 0.3$, $G_{0n} = 0.2$, $G_{2p} = 0.01$, $G_{2n} = 0.011$。我们将推转壳模型的哈密顿量在一个足够大的 CMPC 空间对角化，以得到基态和低激发态足够精确的解。在计算中，我们取质子的组态截断能量为 $0.45\hbar\omega_0$，相应的 CMPC 截断空间约为 700 维；中子的组态截断能量为 $0.70\hbar\omega_0$，相应的 CMPC 截断空间约为 1000 维。在这样的组态空间中，几乎所有权重 $> 10^{-3}$ 的组态都已经包括在内。组态空间的大小也会影响有效对力强度的选取，通常 CMPC 空间增大，有效对力强度就会相应地减小。但这一点对于整个计算结果的影响并不大 [83]。

5.1.2 转动惯量

费米面附近的单粒子轨道分布对超形变转动带性质起关键作用，图 5.2 给出 $A \sim 190$ 质量区费米面附近推转的 Nilsson 能级。^{191}Hg 及

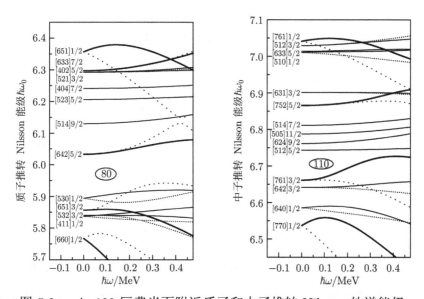

图 5.2　$A{\sim}190$ 区费米面附近质子和中子推转 Nilsson 轨道能级

其中—($\cdots$) 分别表示 $\alpha = +1/2$ ($\alpha = -1/2$) 的轨道，高-N 闯入轨道用粗线标出

^{192,193,194,195}Tl 中部分超形变转动带的组态指定见表 5.1。这些组态指定都分别与相应实验文献 [67], [90-93] 相一致。下面我们就奇-A 核和奇奇核分别来讨论。

表 5.1　^{191}Hg 及 ^{192,193,194,195}Tl 中超形变转动带的组态指定

SD 带	组态
^{191}Hg(1)	$(\nu[761]3/2, \alpha = -1/2)$
^{192}Tl(A)	$(\pi[642]5/2, \alpha = -1/2) \otimes (\nu[761]3/2, \alpha = -1/2)$
^{192}Tl(B)	$(\pi[642]5/2, \alpha = +1/2) \otimes (\nu[761]3/2, \alpha = -1/2)$
^{192}Tl(C)	$(\pi[642]5/2, \alpha = +1/2) \otimes (\nu[512]5/2, \alpha = +1/2)$
^{192}Tl(D)	$(\pi[642]5/2, \alpha = +1/2) \otimes (\nu[512]5/2, \alpha = -1/2)$
^{193}Tl(1)	$(\pi[642]5/2, \alpha = -1/2)$
^{193}Tl(2)	$(\pi[642]5/2, \alpha = +1/2)$
^{194}Tl(1A)	$(\pi[642]5/2, \alpha = +1/2) \otimes (\nu[512]5/2, \alpha = +1/2)$
^{194}Tl(1B)	$(\pi[642]5/2, \alpha = +1/2) \otimes (\nu[512]5/2, \alpha = -1/2)$
^{194}Tl(2A)	$(\pi[642]5/2, \alpha = -1/2) \otimes (\nu[624]9/2, \alpha = +1/2)$
^{194}Tl(2B)	$(\pi[642]5/2, \alpha = -1/2) \otimes (\nu[624]9/2, \alpha = -1/2)$
^{194}Tl(3A)	$(\pi[642]5/2, \alpha = -1/2) \otimes (\nu[512]5/2, \alpha = +1/2)$
^{194}Tl(3B)	$(\pi[642]5/2, \alpha = -1/2) \otimes (\nu[512]5/2, \alpha = -1/2)$
^{195}Tl(1)	$(\pi[642]5/2, \alpha = -1/2)$
^{195}Tl(2)	$(\pi[642]5/2, \alpha = +1/2)$

1. 奇-A 核 ^{193}Tl 和 ^{195}Tl

^{193}Tl 和 ^{195}Tl 都属于奇质子核，由图 5.2 可以看到，在 $Z = 80$ 的地方有一个很大的能隙存在，这两个核质子费米面就位于此能隙之上。而费米面上所涉及的轨道又是一个高-N 轨道 [642]5/2，所以这个轨道对转动惯量的贡献势必会很重要。而且，由于这两个核都是偶中子核，

没有中子的堵塞。这样，研究这两个核的超形变转动带除了对 SD 带本身性质很重要以外，它们也是我们探知质子单粒子能级中这个能隙的作用和它附近轨道性质的最佳研究对象。

我们分别计算了这两个核中的两条 SD 带，见图 5.3。由图我们可以看到，对于 ^{193}Tl(1)，在 $\hbar\omega > 0.35$MeV 处，实验数据显示其动力学转动惯量 $J^{(2)}$ 趋向平缓，但理论结果在这一频率处却给出突然上升的趋势。除此之外，在其他实验观测到的角频率范围内，对 ^{193}Tl 和 ^{195}Tl 中的四条 SD 带，我们的理论计算结果均可以很好地再现实验数据。由图 5.2 可以看到，在 $\hbar\omega > 0.20$MeV 时，质子轨道 [642]5/2 有微小的旋称分裂，在我们的计算中，$\hbar\omega > 0.25$MeV 时，正负旋称所对应的转动惯量 [^{193}Tl(1,2) 或 ^{195}Tl(1,2)] 也有微小的分裂，在这一点上也与实验结果完全一致。

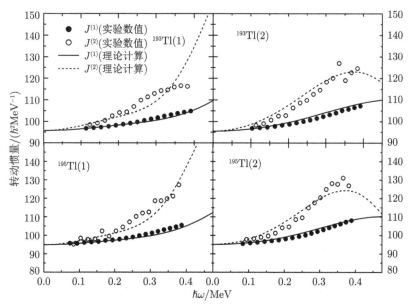

图 5.3　^{193}Tl 和 ^{195}Tl 中 SD 带转动惯量理论计算与实验的比较

　　^{193}Tl 和 ^{195}Tl 最外层的一个价质子对高-*N* 闯入轨道 [642]5/2 的
堵塞可以由费米面附近推转单质子轨道的填布概率 n_μ 清晰地展示出来
(图 5.4)。这里我们只给出了 ^{193}Tl 的单质子轨道填布概率。对于 ^{195}Tl,
其推转单质子轨道填布概率与 ^{193}Tl 的非常相近, 所以不再给出。由于
^{193}Tl 和 ^{195}Tl 都是偶中子的核, 在这里讨论的 SD 带中都不涉及中子的
堵塞, 所以中子的单粒子填布概率也不在此给出。由于两个核的情况非
常相似, 下面以 ^{193}Tl 为例来讨论。

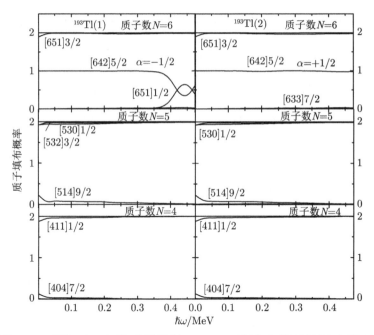

图 5.4 ^{193}Tl(1,2) 的质子推转 Nilsson 轨道上粒子的填布概率

　　由于质子在费米面下存在一个较大的能隙(图 5.2),这使得 [642]5/2
轨道的堵塞效应更为显著, 质子的有效对力强度严重被削弱, 使得质子
费米面下的轨道几乎完全被填布 ($n_\mu \approx 2$), 质子费米面上的轨道几乎是
空的 ($n_\mu \approx 0$)。在图 5.4 中还可看到, 对于 ^{193}Tl(1), 质子轨道 [642]5/2

$\alpha = -1/2$ 和 $[651]1/2$ $\alpha = -1/2$ 的填布概率在 $\hbar\omega > 0.35\text{MeV}$ 以后发生交换，而在 $^{193}\text{Tl}(2)$ 的填布概率中却没有这种现象发生。这是由于随着转动频率的增大，另一个高-N 轨道 $[651]1/2$ $\alpha = -1/2$ 越来越靠近费米面，并在 $\hbar\omega = 0.40\text{MeV}$ 附近与 $[642]5/2$ $\alpha = -1/2$ 相遇（图 5.2），这两个轨道在粒子填布概率上发生交换。所以，在 $\hbar\omega > 0.30\text{MeV}$ 以后，$J^{(2)}$ 的上升主要来自高-N 低 Ω 闯入轨道 $[651]1/2$ $\alpha = -1/2$ 的贡献。

图 5.5 给出了 $^{193}\text{Tl}(1,2)$ 的质子和中子分别对转动惯量的贡献。可以清楚地看出：① 在带首附近，质子对转动惯量的贡献远比相邻偶偶核 SD 带大（可参见 ^{194}Hg 中质子对转动惯量的贡献[94]）。这是由于受单质子高-N 闯入轨道 $[642]5/2$ 堵塞效应的影响，质子的有效对力强度被严重削弱。② 当 $\hbar\omega < 0.30\text{MeV}$，转动惯量随转动频率的逐渐增大主要来自中子的贡献，而质子的贡献则随着转动频率的逐渐增大而减小。③ 当 $\hbar\omega < 0.30\text{MeV}$，转动惯量随转动频率的逐渐增大主要来自质子的贡献。这些都是壳效应的一种反映，由于对力，质子对高-N 闯入轨道 $[642]5/2$ 的堵塞对其他轨道的填布概率有很大影响（图 5.2）。在 $\hbar\omega > 0.30\text{MeV}$，另一条高 N 低 Ω 轨道 $[651]1/2$ $\alpha = -1/2$ 闯入，其影响越来越大，所以，在 $\hbar\omega > 0.30\text{MeV}$ 以后，由于它的贡献的不断增大，$J^{(2)}$ 呈现出急速上升的趋势。但对于 $^{193}\text{Tl}(1)$，实验上在 $\hbar\omega > 0.35\text{MeV}$ 以后 $J^{(2)}$ 有趋于平缓的趋势，出于上述解释并考虑到 $^{193}\text{Tl}(1)$ 与 $^{195}\text{Tl}(1)$ 相同的组态指定 [$^{195}\text{Tl}(1)$ 中 $J^{(2)}$ 在 $\hbar\omega > 0.35\text{MeV}$ 有明显的上升趋势]，我们期望在考虑实验误差后，更高频率范围的实验数据的获取能够证实这里计算结果的正确性。

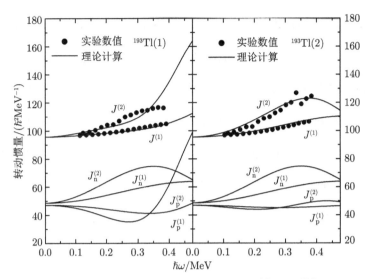

图 5.5　^{193}Tl(1,2) 中质子和中子分别对 $J^{(1)}$ 和 $J^{(2)}$ 的贡献

我们都知道, 闭壳对转动惯量变化的贡献很小。在 $A\sim190$ 质量区, 我们取质子 $N=1,2,3$ 和中子 $N=1,2,3,4$ 为闭壳。占据这些大壳中单粒子能级的粒子被冻结。图 5.6 给出了 ^{193}Tl(1) 质子和中子每一大壳分别对转动惯量 $J^{(2)}$ 的影响。图中显示,质子 $N=4,5$ 壳和中子 $N=5,6$

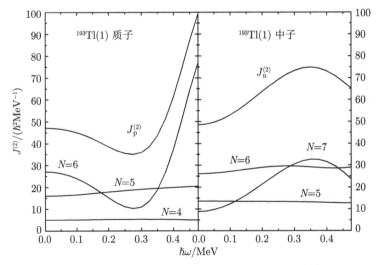

图 5.6　^{193}Tl(1) 中质子和中子每一大壳分别对 $J^{(2)}$ 的贡献

壳对 $J^{(2)}$ 的影响基本上不随角频率的变化而变化，真正影响转动惯量变化的都是高-N 闯入轨道。

图 5.7 中给出了每一条质子推转 Nilsson 轨道上粒子对 $J^{(2)}$ 的直接贡献 $j_\mu^{(2)}$（用 μ 标出），以及干涉项贡献 $j_{\mu\nu}^{(2)}$（用 $\mu\nu$ 标出）[见公式（1.55）]。这里我们可以进一步看到，对于 ^{193}Tl(1)，由于 [651]3/2 的闯入，[642]5/2 的直接贡献项 $j_{[642]5/2}^{(2)}$ 和干涉项 $j_{[642]5/2[651]3/2}^{(2)}$ 相对于 ^{193}Tl(2) 都有较大的不同。是 [651]1/2 $\alpha = -1/2$ 的闯入，改变了粒子的填布概率，从而也使得这对旋称伙伴对在 $\hbar\omega > 0.25\text{MeV}$ 的转动惯量（尤其是 $J^{(2)}$）呈现出很大的不同。

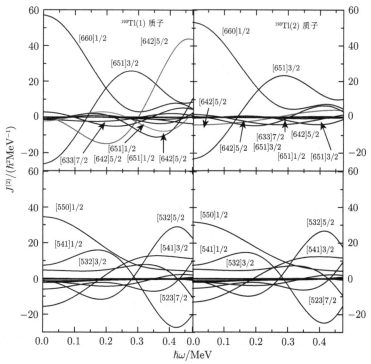

图 5.7 ^{193}Tl(1,2) 中每一条质子推转 Nilsson 轨道上粒子对 $J^{(2)}$ 的直接贡献 $j_\mu^{(2)}$（用 μ 标出），以及干涉项贡献 $j_{\mu\nu}^{(2)}$（用 $\mu\nu$ 标出）

2. 奇奇核 ^{192}Tl 和 ^{194}Tl

由于 ^{192}Tl 和 ^{194}Tl 中质子的堵塞情况和 ^{193}Tl 几乎一样，所以以下我们将集中讨论中子的情况。

首先我们来看中子费米面附近单粒子能级的情况，相对于质子，中子费米面附近单粒子能级要密集很多，而且它距离能隙 $N = 118$ 也相对远一些。这样，对费米面附近轨道的堵塞就不像质子那样单一。^{192}Tl 和 ^{194}Tl 共十条 SD 带，它们所涉及的中子堵塞轨道有 [512]5/2,[624]9/2 和 [761]3/2。下面我们来详细讨论。

我们将 ^{192}Tl 中的四条 SD 带和 ^{194}Tl 中的六条 SD 带分别画于图 5.8 和图 5.9 中，图中的圆圈和圆点代表实验数值，实线和虚线代表我们的计算结果。整个十条 SD 带的理论计算结果都能很好地再现实验数据。其中，在 $\hbar\omega > 0.30\text{MeV}$ 时，$J^{(2)}$ 呈现出突然上升势的转动带，都涉及质子高-N 轨道 [642]5/2$\alpha = -1/2$ 的堵塞，这在上面已经讨论过了。这里我们只考虑中子轨道的贡献，依据对中子轨道 [512]5/2,[624]9/2 和 [761]3/2 堵塞的不同，我们发现这些转动带随 $\hbar\omega$ 的增大会呈现出不同的变化趋势。与 [512]5/2 相关的转动带，如 ^{192}Tl(C,D)，^{194}Tl(1A,1B) 和 ^{194}Tl(3A,3B)，它们像这个质量区大多数其他转动带一样，$J^{(2)}$ 随着 $\hbar\omega$ 的增大而缓慢上升。对于 ^{194}Tl(2A,2B)，它们所涉及的堵塞轨道是 [624]9/2，这是一个高-Ω 轨道，对转动惯量的影响并不是很大。这两条带随着 $\hbar\omega$ 的增大也是缓慢上升的。但是，最为奇怪的是 ^{192}Tl(A,B) 这两条带。首先，动力学转动惯量 $J^{(2)}$ 不像其他的带那样随 $\hbar\omega$ 的增大缓慢上升，相反，在 $\hbar\omega < 0.30\text{MeV}$ 时，$J^{(2)}$ 随 $\hbar\omega$ 的增大呈现出缓慢下

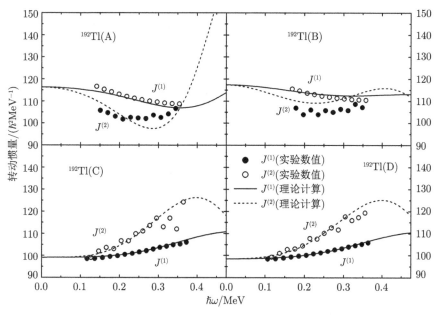

图 5.8 ^{192}Tl 中 SD 带转动惯量计算与实验的比较

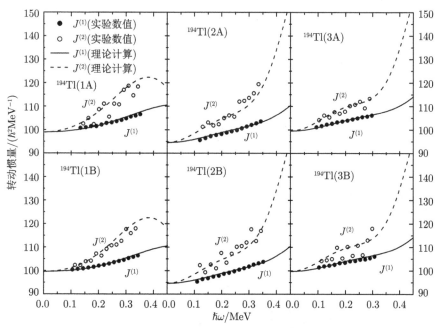

图 5.9 ^{194}Tl 中 SD 带转动惯量计算与实验的比较

降或平直的趋势。其次，在其他大多数的转动带当中，$J^{(2)}$ 在整个观测到的角频率范围内都比 $J^{(1)}$ 大，可是这两条带当中，$J^{(2)}$ 在观测到的角频率范围内都比 $J^{(1)}$ 小，理论计算除了显示出这一点之外，在某个更高的角频率范围内，$J^{(2)}$ 与 $J^{(1)}$ 相交，$J^{(2)}$ 呈现出 U 形。堵塞相同轨道造成转动惯量的相似性，所以这里我们只以 ^{192}Tl(A)，^{194}Tl(2A) 和 ^{192}Tl(C) 为例代表不同堵塞的转动带来讨论。

中子推转 Nilsson 轨道上粒子的填布概率见图 5.10，图中依次给出 ^{194}Tl(2A)，^{192}Tl(C) 以及 ^{192}Tl(A) 的中子填布概率。其他带的粒子填布概率由于与这几条的非常相似，不在这里重复列出。图中对 [512]5/2 和 [624]9/2 的堵塞非常清晰（$n_\nu \approx 1$）。在低频处，高-N 闯入轨道 [761]3/2 几乎被完全堵塞，但在高频处，由于对力的作用，另一条费米面之上的高-N 闯入轨道 [752]5/2 被部分堵塞。比较质子推转 Nilsson 轨道上粒

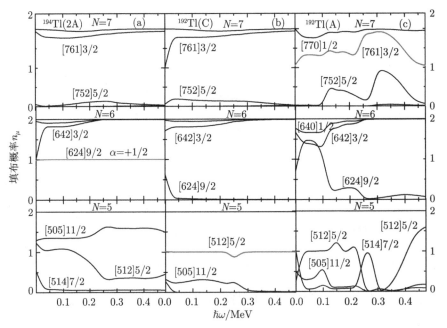

图 5.10 ^{194}Tl(2A)，^{192}Tl(A,C) 的中子推转 Nilsson 轨道上粒子的填布概率

子的填布概率（图 5.4），中子的填布概率没有质子的单纯。这是因为中子费米面附近的能级较为密集，在对力的作用下费米面下轨道上的粒子被部分激发到费米面上的轨道上。

图 5.11 给出每一条推转 Nilsson 能级上粒子对 $J^{(2)}$ 的直接贡献项 $j_\mu^{(2)}$ 和干涉项 $j_{\mu\nu}^{(2)}$。由于其他带的推转 Nilsson 能级上粒子对 $J^{(2)}$ 的贡献分别与 ^{192}Tl(A)（占据高-N 轨道 [752]5/2）和 ^{192}Tl(C)（占据非高 N 轨道）很相似，这里只给出最具代表性的两个图。图中可发现，对于 $N = 6$ 壳，两条 SD 带中每一条推转 Nilsson 能级上粒子对 $J^{(2)}$ 的贡献，不管是直接贡献项 $j_\mu^{(2)}$ 还是干涉项 $j_{\mu\nu}^{(2)}$，并没有很大的不同。但对于 $N = 7$ 壳，情况就有所不同，[761]3/2 的堵塞改变了 [752]5/2 对 $J^{(2)}$

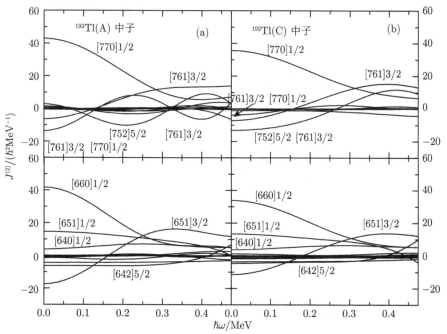

图 5.11 ^{192}Tl(A,C) 中每一条推转 Nilsson 中子轨道上粒子对 $J^{(2)}$ 的直接贡献项 $j_\mu^{(2)}$（用 μ 标出）以及干涉项 $j_{\mu\nu}^{(2)}$（用 $\mu\nu$ 标出）

的贡献，使得干涉项 $j^{(2)}_{[752]5/2[761]3/2}$ 在 $0.10 < \hbar\omega < 0.30$ 的范围内，随着角频率的增加而减小，也是由于它的贡献，我们看到，在 ^{192}Tl(A) 中，$J^{(2)}$ 在低频时，随着 $\hbar\omega$ 的增加而缓慢减小。

在 Tl 同位素中，带首转动惯量比较高，是由质子高-N 轨道的堵塞使得有效对力强度在很大程度上减弱而导致的。对于奇奇核，$J^{(2)}$ 随着 $\hbar\omega$ 的增加而趋于常数或缓慢减小，是由于在带首附近，质子和中子的高-N 轨道同时被堵塞，这使得有效对力强度在很大程度上减弱。在高频时，又由于 Coriolis 反配对效应的影响，对力也被大大削弱。

5.1.3   自旋的指定

在第 4 章中我们就指出，由于实验上观测不到超形变带到正常形变带的退激发，所以无法确定 SD 带的带首自旋值。目前，很多实验组都用带有参数的跃迁能量公式去拟合实验上测得的跃迁能量，定出参数，然后确定自旋值。用这种方法定出的自旋值在大多数的情况下是可靠的，但对于 I_0 比较大的转动带，这样定出的自旋值就不一定准确。我们的计算中，^{193,194,195}Tl 中的十条带以及 ^{192}Tl(C,D) 的自旋值均取自文献 [69]，这样的自旋指定和相关的实验文献都一致。但对于 ^{192}Tl(A,B) 的带首自旋值，由于其转动带本身的性质比较复杂，各个文献当中所用到的值也不尽相同，我们将 ^{192}Tl(A,B)，^{193}Tl(1,2) 和 ^{191}Hg(1) 的带首自旋值列于表 5.2。其中，I_0^1 表示其自旋值取自文献 [95]，I_0^2 取自文献 [69]，I_0 是我们拟合实验观测角频率范围内的运动学转动惯量而得的值，I_0^{exp} 表示该自旋值取自相应的实验文献 [67], [90], [91]。我们所采用的自旋指定均与实验文献的自旋值相一致。

表 5.2 ^{192,193}Tl 和 ^{191}Hg 中 SD 带带首自旋

SD 带	$I_0^1(\hbar)$	$I_0^2(\hbar)$	$I_0(\hbar)$	$I_0^{\exp}(\hbar)$
^{192}Tl(A)	17	13	15	15
^{192}Tl(B)	20	16	18	18
^{193}Tl(1)	9.5	9.5	9.5	9.5
^{193}Tl(2)	8.5	8.5	8.5	8.5
^{191}Hg(1)	17.5	13.5	15.5	15.5

通常我们都是应用公式（4.10）来提取运动学和动力学转动惯量的。其中，动力学转动惯量的提取与自旋值无关，而运动学转动惯量受自旋指定的影响。图 5.12 显示了不同的自旋指定所对应的不同的运动学转动惯量。图中实线和虚线是我们的计算结果。对于 ^{192}Tl(A,B)，实心三角和实心圆是根据我们计算中采用的自旋值而提取的转动惯量。图中可以看出，采用我们指定的自旋值使得 $J^{(1)}$ 呈现以下特点：① 随着角频率的增大，$J^{(1)}$ 缓慢减小或趋于常数。② $J^{(1)}$ 在很大一个频率范围比 $J^{(2)}$ 大，并在某个 $\hbar\omega$ 处与 $J^{(2)}$ 相交然后上升。在这个质量区的其他大多数的 SD 带中都没有发现这样的特性。对于 ^{191}Hg(1)，实心三角和实心圆是采用最新的文献 [67] 中的带首自旋指定而得到的转动惯量值，这是目前为数不多的能够在实验上把自旋值确定下来的一个 SD 带。在 ^{191}Hg(1) 中，同样是中子轨道 [761]3/2 的堵塞，使得 $J^{(1)}$ 在低频处随着 $\hbar\omega$ 的增加而减小的，并且也使得 $J^{(1)}$ 呈现出 U 形并在一定 $\hbar\omega$ 处与 $J^{(2)}$ 相交。考虑到 ^{192}Tl(A,B) 与 ^{191}Hg(1) 相同的中子堵塞，所以我们在计算中取 ^{192}Tl(A) 和 ^{192}Tl(B) 的带首自旋值分别为 $15\hbar$ 和 $18\hbar$。

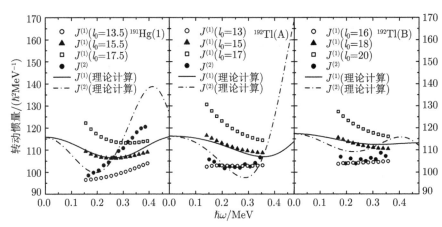

图 5.12   不同自旋值所导致的不同转动惯量的比较

图中符号代表实验数据，曲线代表理论计算结果

5.1.4 角动量顺排及其相加性

独立准粒子图像使得很多力学量具有了相加性，如能量、角动量顺排、转动惯量等。其中角动量顺排的相加性是比较典型的一个。由于超形变带的组态和自旋指定都存在着不同程度的不确定性，研究超形变带顺排角动量的相加性，将会给超形变带组态和自旋的指定提供佐证。当然，另外，这些不确定性也会给顺排角动量相加性的研究结果带来不确定性。

实验文献 [90] 指出，以 ^{192}Hg 的晕带为参考带，^{191}Hg(1)$\{\nu j_{15/2}(\alpha = -1/2)\}$ 与 ^{193}Tl(1,2)$\{\pi i_{15/2}(\alpha = \pm 1/2)\}$ 的角动量顺排之和，分别与 ^{192}Tl(A)$\{\pi i_{15/2}(\alpha = -1/2)\nu j_{15/2}(\alpha = -1/2)\}$ 和 ^{192}Tl(B)$\{\pi i_{15/2}(\alpha = +1/2)\nu j_{15/2}(\alpha = -1/2)\}$ 的角动量顺排相一致，见图 5.13(a)。应用下式：

$$i(\omega) = \langle J_x \rangle(\text{SD 带}) - \langle J_x \rangle(\text{参考带}) \tag{5.1}$$

我们对文献 [90] 中相同核的角动量顺排作了计算，见图 5.13(b)。角动量顺排相加性在我们的计算中没有在文献 [90] 中那么严格地被遵守，但在一定程度上也是满足的。关于奇奇核 ^{192}Tl 与相邻奇中子核 ^{191}Hg 及奇质子核 ^{193}Tl 之间的相加性，在文献 [95] 和 [96] 中也有讨论。得到的结论并不一致，推转的 Hartree-Fock-Bogoliubov(HFB) 理论研究结果表明 [95]，在 $A \sim 190$ 区，顺排相加性是成立的。但投影壳模型却给出了顺排相加性不能够成立的结论 [96]。他们对同一问题完全相反的结论也许也并没有太大的惊人之处，这是因为角动量顺排相加性满足的好与坏取决于理论中独立准粒子图像和独立粒子图像在多大程度上成立。当对力足够强时，独立准粒子图像能够很好地近似成立 [97]；而当对力足够弱的时候，独立粒子图像又可以很好地近似成立。在这两种情况下，相加性都会很好地满足。当对力强度正好处于强弱之间的过渡区时，独立准粒子图像和独立粒子图像在一定程度上不能成立，所以相加性也将被破坏。但不管怎样，文献 [95] 和 [96] 中在对角动量顺排研究的定量方面，都没有我们的计算结果好。

在 $A \sim 190$ 区，实验观测到 SD 带的角频率比 $A \sim 150$ 区低，而且单粒子能级密度又比 $A \sim 150$ 区高，这两点都使得对关联在 $A \sim 190$ 区更为重要一些。但在第 4 章中就提到，原子核的平均对力强度并不是很大，这就使得 $A \sim 190$ 区原子核的对力强度正好位于强与弱之间的过渡区，这样相加性满足的程度就会差一些。文献 [98] 中应用 PNC 方法对 $A \sim 190$ 区 SD 带的研究，给出了角动量顺排非相加性（nonadditivity）的结论。这是因为在 PNC 方法中没有准粒子的概念（不做粒子–准粒子变换），恰当地考虑了粒子之间的对相互作用。然而，在对 ^{192}Tl 与 ^{191}Hg 及 ^{193}Tl 角动量顺排相加性的 PNC 研究中，如图 5.13(b) 所示，相加性在很大程度上是满足的。这是由于这里所计算的带都涉及高-N 闯入轨道（质子 [642]5/2，中子 [761]3/2）。我们知道高-N 闯入轨道对角动量顺排的贡献很重要，尤其是费米面附近的闯入轨道。由于这些闯入轨道的堵塞，在低频时对力在很大程度上被减弱，而在高频时对力又由于 Coriolis 力的作用而被削弱，这样相加性就近似地得到了满足。如果被堵塞的轨道是正常轨道，那么相加性就不会很好地成立。例如，一准中子带 ^{193}Hg([512]5/2) 和 ^{193}Hg([624]9/2) 的角动量顺排之和就远大于两准中子带 ^{194}Hg([512]5/2[624]9/2) 的角动量顺排（图 5.13(c)）。另一方面，在重的超形变核中，质子和中子的费米面相距比较远，这样质子–中子相互作用就很弱，远不如质子–质子或中子–中子的对相互作用强。奇奇核 ^{192}Tl 中，奇中子的加入并没有太大地影响奇质子的对力场，反之亦然。所以在这个核中的角动量顺排表现出了很好的相加性。而在偶偶核 ^{194}Hg 中，两个堵塞的核子都是中子，当其中的一个中子加入的时候就会较大地改变原来的中子对场，所以相加性就不能够很好地满足。

应用推转壳模型下的粒子数守恒方法计算了 $A\sim190$ 区奇-A 核 ^{193,195}Tl 和奇奇核 ^{192,194}Tl 中共 14 条超形变转动带中动力学转动惯量 $J^{(2)}$ 随角频率变化的微观机制、角动量顺排及其相加性，研究结果表明：

(1) 对转动惯量贡献比较大的单粒子能级并不多，主要来自费米面附近高-N（中子 $N = 7$，质子 $N = 6$）低-Ω 闯入轨道的贡献，不仅它们本身对转动惯量的贡献特别大，它们之间由对力造成的干涉项对转动惯量的贡献也很重要。其他大壳的单粒子能级对转动惯量的贡献基本上不随 ω 的变化而变化。

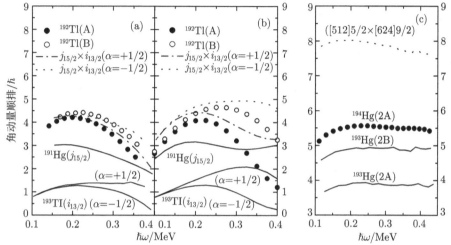

图 5.13 (a) ^{191}Hg(1) ($\nu j_{15/2}(\alpha = -1/2)$)（实线），^{193}Tl(1,2) ($\pi i_{13/2}(\alpha = \pm 1/2)$)（实线）的顺排以及它们之和（点线及点划线）与相应的 ^{192}Tl(A,B)（实心点和圆圈）的顺排的实验值比较。(b) 与 (a) 只是相应量的理论计算结果比较。(c) ^{193}Hg([512]5/2)（实线），^{193}Hg([624]9/2)（实线）的顺排以及它们之和（点线）与 ^{194}Hg([512]5/2[642]9/2)（实心点）顺排实验值的比较

(2) 奇奇核的双重堵塞效应对转动惯量的变化起着举足轻重的作用。尤其是对高-N 低-Ω 轨道的堵塞，正是这种对高-N 轨道的双重堵塞，使得奇奇核转动惯量随角频率的变化与偶偶核及奇-A 核，甚至是堵塞正常轨道的奇奇核也呈现出不同的规律。由于 PNC 方法能够自动而严格地考虑堵塞效应，并且将核子填布概率和每一对推转单粒子能级上核子的贡献清晰地展示出来，所以转动惯量随角频率变化的微观机制

得到了很好的解释。

(3) 被堵塞轨道的位置和性质很重要，被堵单粒子能级越靠近费米面，堵塞效应越重要。当被堵单粒子能级为高-N 低-Ω 闯入轨道时，对转动惯量的影响就非常大。反之，若被堵单粒子能级为正常轨道，它对转动惯量的影响就比较小。特别是当被堵能级是低-N 高-Ω 轨道时，对转动惯量几乎没什么影响。

(4) 由于 ^{192}Tl 为重奇奇核，质子费米面和中子费米面相距较远，这样奇质子与奇中子之间的相互作用远没有质子–质子或者中子–中子之间的相互作用强，这使得 ^{192}Tl(A,B) 与 ^{191}Hg(1) 及 ^{193}Tl(1,2) 所涉及的角动量顺排较好地满足了相加性。

(5) ^{192}Tl(A,B) 中堵塞的质子轨道和中子轨道都是高-N 低-Ω 轨道，对力在带首附近很大程度上被削弱，而在高频部分，对力由于 Coriolis 力的作用也被削弱，这也使得角动量顺排相加性在 ^{192}Tl(A,B) 中可以近似成立。

总之，Tl 同位素中 SD 带转动惯量随角频率变化的规律，在 PNC 计算中得到了很满意的再现，这关键在于 PNC 方法将 Pauli 堵塞自动而严格地考虑在内，并且可以清晰地给出单粒子的填布概率和推转单粒子能级上粒子对相关物理量贡献的详细信息，从而揭示转动惯量随角频率变化规律的微观机制。同时，也可以对 ^{192}Tl(A,B) 与 ^{191}Hg(1) 及 ^{193}Tl(1,2) 中涉及的角动量顺排相加性的满足作出合理的解释。奇奇核中转动惯量及角动量顺排不同于其他核的反常变化规律，是单粒子能级分布的壳效应、对相互作用、堵塞效应及 Coriolis 反配对效应等综合影响的结果。这些计算结果对于进一步揭示 ^{193,194,195}Tl 中 SD 带全同现象的微观机制，以及相邻 SD 核的研究有重要的参考价值。

5.2 超形变转动全同带

尽管奇奇核 SD 带中转动惯量随角频率的变化与其他的偶偶核及奇-A 核呈现出很大的不同，但在奇奇核与相邻的奇-A 核中还是观测到了全同带的存在[92]。这一节中我们将利用 PNC 方法来研究 ^{193,194,195}Tl 中观测到的全同带现象，并给出其形成的微观机制。

5.2.1 全同带形成的微观机制

实验与理论计算的四对全同带 {^{193}Tl(1)，^{194}Tl(2A)}，{^{193}Tl(1)，^{194}Tl(2B)}，{^{193}Tl(1)，^{195}Tl(1)}，{^{193}Tl(2)，^{195}Tl(2)} 见图 5.14。对于运动学转动惯量 $J^{(1)}$，在实验观测到的角频率范围，这四对全同带展现出非常严格的相似性。这一点理论计算与实验符合的程度令人满意。对于动力学转动惯量 $J^{(2)}$，如 5.1 节中所提，实验上在 $\hbar\omega > 0.35$MeV，^{195}Tl(1) 中 $J^{(2)}$ 有突然的上升趋势，但这在 ^{193}Tl(1) 中并不明显。而理论所给出的结果中，在 ^{193}Tl(1) 和 ^{195}Tl(1) 中，$J^{(2)}$ 都有这样急速上升的趋势，关于这一点在 5.1 节中已有说明。除此之外，在其他的角频率范围之内，理论与实验也都保持一致。

图 5.14中，我们可以看到这四对全同带相对于质子堵塞轨道是 $[642]5/2(\alpha = +1/2)$ 还是 $[642]5/2(\alpha = -1/2)$ 可以分为两类：第一类为 {^{193}Tl(1)，^{194}Tl(2A)}，{^{193}Tl(1)，^{194}Tl(2B)} 和 {^{193}Tl(1)，^{195}Tl(1)}，

它们的质子堵塞轨道都是 $[642]5/2(\alpha = -1/2)$，另一类就是相关于 $[642]5/2(\alpha = +1/2)$ 堵塞的 $\{^{193}\text{Tl}(2), ^{195}\text{Tl}(2)\}$。从这里我们也可以看到，高-$N$ 质子轨道 $[642]5/2$ 的堵塞无论对转动惯量随角频率的变化，还是全同带的形成都有着极其重要的作用。对于质子轨道 $[642]5/2$ 我们在 5.1 节中已经做了详细的分析，这里不再重复，所以以下我们重点讨论中子轨道的贡献。

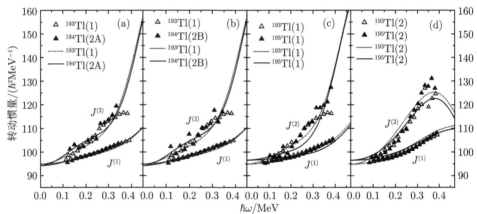

图 5.14 $^{193,194,195}\text{Tl}$ 中全同带的 $J^{(1)}$ 与 $J^{(2)}$ 实验值（▲(△)）与理论计算结果（－(···)）的比较

中子推转单粒子轨道上粒子的填布概率见图 5.15。对于 ^{193}Tl 和 ^{195}Tl，没有堵塞的中子轨道。^{195}Tl 中比 ^{193}Tl 多的两个中子部分地占据了 $[512]5/2$ 轨道，除此之外，^{195}Tl 和 ^{193}Tl 的填布情况非常相似，所以这里只给出 ^{195}Tl 中子推转 Nilsson 轨道上粒子的填布概率（图 5.15）。同样，对于 $^{194}\text{Tl}(2A)$ 和 $^{194}\text{Tl}(2B)$，我们也只给出 $^{194}\text{Tl}(2A)$ 中子推转 Nilsson 轨道上单粒子的填布概率。图中高-Ω 轨道 $[624]9/2 \ (\alpha = +1/2)$ 的堵塞非常清晰而单纯。由于高-Ω 轨道相应的 Coriolis 效应比较弱，这

样填布概率在从低频率到高频率几乎都一直保持为常数 $(n_\mu = 1)$。而且我们知道高-Ω 轨道对转动惯量的贡献很小，几乎可以忽略，这就是 ^{194}Tl(2A) 和 ^{193}Tl(1) 可以形成全同带的原因。如果堵塞的轨道是一个高-N 低 Ω 轨道（如 [752]5/2），则不可能形成全同带（图 5.16）。

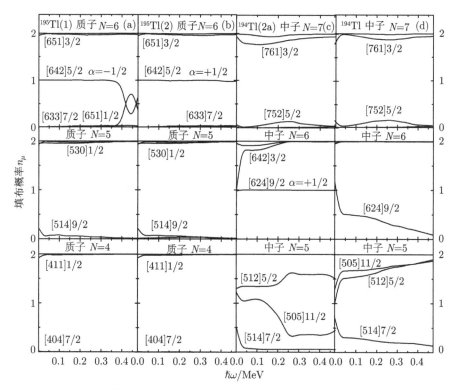

图 5.15 ^{194}Tl 及 ^{195}Tl 中部分 SD 带质子和中子推转 Nilsson 轨道上粒子的填布概率

为了更清晰地说明问题，我们将每一对推转 Nilsson 轨道上粒子对转动惯量的贡献画于图 5.17，图中包括直接项 $j_\mu^{(2)}$ 和干涉项 $j_{\mu\nu}^{(2)}$ 的贡献。由于在 $A \sim 190$ 区，质子大壳 $N = 4$ 和中子大壳 $N = 5$ 对转动惯量变化的贡献很小，所以图中只给出质子大壳 $N = 5, 6$ 和中子大壳 $N = 6, 7$

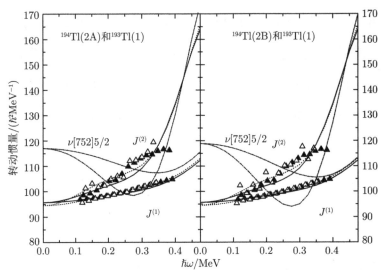

图 5.16 ^{193}Tl(1) 分别与 ^{194}Tl(2A,2B) 中全同带的 $J^{(1)}$ 与 $J^{(2)}$ 实验值与理论计算结果的比较。图中 ▲(△) 和 −(⋯) 分别表示实验与理论计算的 ^{193}Tl(1) [^{194}Tl(2A,2B)] 的 $J^{(1)}$ 和 $J^{(2)}$ 的值; −·− 表示如果 ^{194}Tl(2A,2B) 的中子堵塞轨道为 [752]5/2 的计算结果

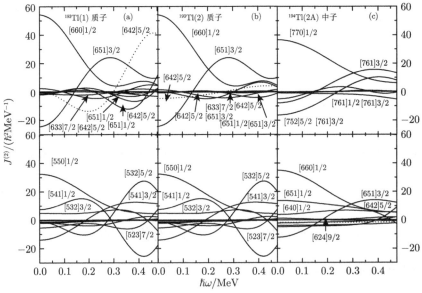

图 5.17 ^{193}Tl(1),^{193}Tl(2) 和 ^{194}Tl(2A) 中每一条质子和中子推转 Nilsson 轨道上粒子对 $J^{(2)}$ 的直接贡献 $j_\mu^{(2)}$(用 μ 标出),以及干涉项贡献 $j_{\mu\nu}^{(2)}$(用 $\mu\nu$ 标出)

单粒子轨道上粒子对转动惯量的贡献。我们知道，单粒子轨道对转动惯量的贡献依赖于轨道所处的位置，尤其对轨道 μ 和 ν 的 Coriolis 效应比较敏感。当轨道远离费米面时，它们对转动惯量的贡献很小。相反，当堵塞的轨道是费米面附近的高-N 低 Ω 轨道时，对转动惯量的贡献就很大。我们以 $\hbar\omega = 0.15\text{MeV}$ 频率点处（此频率处 $^{194}\text{Tl}(2A)$ 的堵塞比较单纯）为例：中子轨道 [624]9/2 对 $J^{(2)}$ 的贡献为 $-1.7744\hbar^2\text{MeV}^{-1}$，它的干涉项贡献 $j^{(2)}_{[624]9/2[633]7/2}$ 为 $-0.0689\hbar^2\text{MeV}^{-1}$。但对于质子高-$N$ 轨道 [642]5/2 对 $J^{(2)}$ 的直接贡献为 $-12.1504\hbar^2\text{MeV}^{-1}$，它的干涉项贡献 $j^{(2)}_{[642]5/2[651]1/2}$ 为 $2.4544\hbar^2\text{MeV}^{-1}$。我们看到，质子轨道 [642]5/2 上粒子对转动惯量的影响很大，而且它的干涉项的贡献也很重要。相反，中子轨道 [624]9/2 上粒子对转动惯量的影响就很小，几乎可以忽略。这样，全同带的形成就不难理解了，对于 $\{^{193}\text{Tl}(1), ^{194}\text{Tl}(2A)\}$，$\{^{193}\text{Tl}(1), ^{194}\text{Tl}(2B)\}$，$\{^{193}\text{Tl}(1), ^{195}\text{Tl}(1)\}$ 以及 $\{^{193}\text{Tl}(2), ^{195}\text{Tl}(2)\}$，它们的质子堵塞轨道都一样。对于中子轨道，$^{195}\text{Tl}$ 和 ^{193}Tl 都没有堵塞轨道，而 $^{194}\text{Tl}(2A,2B)$ 中 [624]9/2 的堵塞对转动惯量的影响又很小，所以在这些带中可以形成全同带。

全同 SD 带中，除了有近似相等的 γ 跃迁能和转动惯量以外，一些研究表明，其角动量顺排有量子化的现象。这里，应用公式（5.1），我们将 $\{^{193}\text{Tl}(1), ^{194}\text{Tl}(2A)\}$，$\{^{193}\text{Tl}(1), ^{194}\text{Tl}(2B)\}$，$\{^{193}\text{Tl}(1), ^{195}\text{Tl}(1)\}$ 和 $\{^{193}\text{Tl}(2), ^{195}\text{Tl}(2)\}$ 四对全同带的角动量顺排以及 $^{194}\text{Tl}(1A,1B,2A,2B)$ 相对于 $^{193}\text{Tl}(1)$ 的角动量顺排分别示于图 5.18 和图 5.19 中。我们的理论计算结果基本可以重复实验数据。尤其是针对四对全同带，计算结果

给出了量子化的角动量顺排 $i \sim 0\hbar$。而对于其他非全同带的角动量顺排就不具有量子化的现象。这样，全同带的角动量顺排量子化在我们的计算中得到了证实。

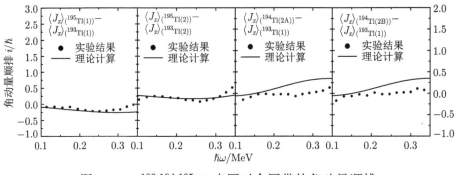

图 5.18　　^{193,194,195}Tl 中四对全同带的角动量顺排

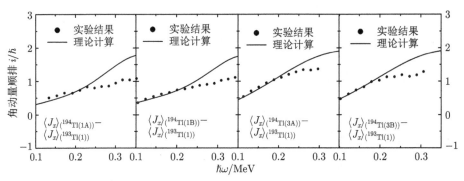

图 5.19　　^{194}Tl 中四条 SD 带相对于 ^{193}Tl(1) 的角动量顺排

应用推转壳模型下处理对力的粒子数守恒方法研究了实验上观测到的，存在于 ^{193,194,195}Tl 中的全同带形成的微观机制。结果显示：

(1) Pauli 堵塞效应在全同带的形成中起到了非常重要的作用。费米面附近高-N 闯入轨道的堵塞对转动惯量的影响非常大，而高-Ω 轨道的堵塞影响就很小，可以忽略。这样当几条 SD 带所堵塞的高-N 闯入轨道相同，不同的堵塞轨道是高-Ω 轨道时，就有可能形成全同带。反之，如果所堵塞的高-N 轨道不同，就不可能形成全同带。

(2) 在全同带的形成中，不仅高-N 轨道直接项的贡献很大，它们之间由于对相互作用而产生的干涉项的贡献也很重要。而在 BSC 或 Bogolyubov 对对力的平均场处理中没有 PNC 方法中干涉项的对应项。

(3) 对于全同带，确实具有量子化的角动量顺排，这一点在我们的计算中得到了证实。

在恰当地考虑了对力强度之后，PNC 方法很好地再现了实验上观测到的，Tl 同位素中的全同带，并合理地解释了它们形成的微观机制。分析之后，我们看到全同带的形成只是一个"偶然"事件，是壳效应、对关联、堵塞效应、转动顺排以及 Coriolis 反配对效应等因素综合作用的结果，并不像早年被人们期望的那样，在其背后有某种基本对称性存在。在我们的计算中也证实了，在全同带中，角动量顺排确实有量子化的现象。

第 6 章　内禀反射不对称原子核

前面几章中我们介绍的形变原子核都具有空间反演不变性，属于同一内禀态下的转动带的各条能级都有确定的宇称。这样的原子核形变可以由四极形变参数（β_2）和十六极形变参数（β_4）来描述（原子核表面的参数化见附录 A）。当原子核在内禀态下的空间反演对称性破缺，人们就不得不引入八极形变（β_3）或者质量（电荷）不对称自由度来描述原子核的性质。在下面的几章中，我们将研究具有空间反演不对称形状的原子核性质。

6.1　反射不对称原子核的能谱性质

偶偶核低激发谱中的 $1^-, 3^-$ 态　20 世纪 50 年代，美国的 Berkeley 实验室首次在镭（Ra）和钍（Th）偶偶核同位素（$N \approx 136$）的低激发谱中观测到了负宇称态[99-101]，$I^\pi = 1^-, 3^-$ 态的存在。这使人们想到原子核可能具有反射不对称形状，即所谓"梨形"原子核的存在[102,103]。在这些同位素中，实验所观测到的低激发谱并不像具有反射不对称性的分子谱那样"漂亮"，即各条能级都严格依照能量公式，$E_I \sim I(I+1)$ 来排列。以 ^{226}Th 为例（图 6.1），其 $1^-, 3^-$ 态的能量都分别大于 $2^+, 4^+$ 态的能量。这表明原子核反射不对称形状向反射对称形状的涨落是不容忽视的，偶偶核低激发谱中的 $1^-, 3^-$ 态并不能简单地只用八极形变来描述。虽然原子核的反射不对称形状没有原子核的对称椭球形状（四极形变）稳定，进一步的研究表明原子核确实可能具有稳定的八极形变。

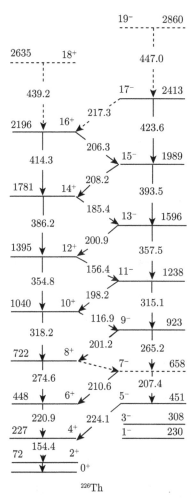

图 6.1　²²⁶Th 的能级纲图，图中各能级及 γ 跃迁能量单位均为 keV [104]

偶偶核的宇称交替转动带（alternating-parity rotational bands）
对于原子核八极形变研究的突破性进展要到 20 世纪 80 年代，实验上在重核区（$Z \approx 88, N \approx 134$）和中重核区（$Z \approx 60, N \approx 88$）中分别观测到 $I^+, (I+1)^-, (I+2)^+, \cdots (I > 5)$ 的转动能谱序列，称之为宇

称交替转动带（图 6.1）。实验上最早观测并认识到有宇称交替转动带存在的核是重核区的 ^{218}Ra [105] 和 ^{222}Th [106,107]。其实，早在 20 世纪 70 年代中期，实验上就在 ^{152}Gd [108]，^{150}Sm [109] 和 ^{150}Gd [110] 核中观测到了这种能谱序列，但是直到 1986 年，Phillips 等人才将这些转动带与核的八极形变联系起来。在这些转动带中，一条能级与其相邻的两条具有相反宇称的能级的差值称做宇称劈裂（parity splitting），

$$\delta E = E(I)^- - \frac{1}{2}[E(I+1)^+ + E(I-1)^+] \tag{6.1}$$

在宇称交替转动带中，当自旋达到某一个值时，宇称劈裂会趋于零。由此可见，原子核的转动会促使原子核的八极形变变得更为稳定。

奇-A 核及奇奇核中的宇称双重带（parity doublet）　Chasman 在 1980 年首次指出在具有较大形变的反射不对称奇-A 核中有所谓的宇称双重带存在，即具有相同自旋和相反宇称的近简并能级所组成的转动带，如图 6.2 所示。在这里，宇称劈裂即为两条近简并能级之间的差值。几乎所有的理论模型都认为奇-A 核宇称双重带的宇称劈裂比相邻偶偶核中的宇称劈裂要小。而在奇奇核 ^{224}Ac 中观测到的宇称劈裂要比其相邻的奇-A 核还要小 [112,113]。这是由于在奇-A 核或者是奇奇核中，不配对单粒子对原子核势场的贡献使得两个镜像对称的极小点之间的势垒增高。对于这一方面的内容，将在以下章节中作详细讨论。关于镭（Ra）奇-A 核同位素的综述性文章见文献 [112], [113]。

电偶极跃迁　反射不对称原子核中,正负宇称带的晕态（yrast state）之间的电偶极跃迁（E_1 跃迁）概率会有不同程度的增大。对于重核，一般来讲，其跃迁概率大约为 10^{-5}s.p.u,而在具有八极形变的重核中，跃

迁概率可达 10^{-4} 到 10^{-2}s.p.u[111]。跃迁概率在八极形变核中的增大，最早由 Bohr、Mottelson[114,115] 和 Strutinsky[116] 根据宏观液滴模型得到。在此模型中，当原子核具有反射不对称形变时，核中的质子将会向原子核表面曲率最大的方向运动。这就导致了核的质量中心与电荷中心的偏离，可用电偶极矩来描述

$$\boldsymbol{D} = \sum_{i=1}^{Z} e_i(\boldsymbol{r}_{p,i} - \boldsymbol{R}_{\mathrm{c.m.}}) = e(\boldsymbol{r}_p - Z\boldsymbol{R}_{\mathrm{c.m.}}) \tag{6.2}$$

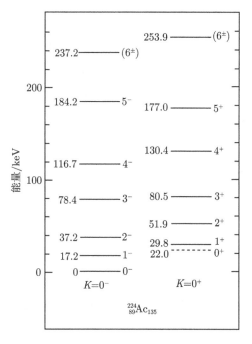

图 6.2 ^{224}Ac 的能级图[111]

其中，$\boldsymbol{R}_{\mathrm{c.m.}} = \dfrac{1}{A}(\boldsymbol{r}_{\mathrm{p}} + \boldsymbol{r}_{\mathrm{n}})$。忽略中子、质子的质量差，则

$$\boldsymbol{D} = e\frac{1}{A}(N\boldsymbol{r}_{\mathrm{p}} - Z\boldsymbol{r}_{\mathrm{n}}) \tag{6.3}$$

将质子、中子的质量中心坐标 $r_{p,c.m.} = r_p/Z$ 和 $r_{n,c.m.} = r_n/Z$ 代入上式，则

$$D = e\frac{ZN}{A}(r_{p,c.m.} - r_{n,c.m.}) \tag{6.4}$$

对于反射对称的原子核体系，核密度关于三个主轴平面对称，所以 r_n 和 r_p 在内禀态下的期待值相同，$\langle r_n \rangle = \langle r_p \rangle = 0$。因此，$\langle D \rangle = 0$。但是，对于反射不对称的原子核体系，一般来讲，$r_{n,c.m.} \neq r_{p,c.m.}$，所以在内禀态下将会有较大的偶极跃迁概率。电偶极矩可以通过实验测得的 $B(E_1)/B(E_2)$ 的分支比来求得

$$B(E_1; I_i \to I_f) = \frac{3}{4\pi}D_0^2\langle I_iK_i10|I_fK_f\rangle^2 \tag{6.5}$$

其中，D_0 是轴对称体系的内禀电偶极矩。电四极跃迁概率为

$$B(E_1; I_i \to I_f) = \frac{5}{16\pi}Q_0^2\langle I_iK_i20|I_fK_f\rangle^2 \tag{6.6}$$

Q_0 是原子核的内禀电四极矩。对反射不对称原子核性质研究的综述性文章可见文献 [111], [117]。

6.2   八极集体运动的微观起源

原子核八极集体运动形态的存在是费米面附近单粒子能级通过八极关联（octupole correlation）相互耦合的结果。图 6.3 是 Nilsson 单粒子能级，即改进了的谐振子能级示意图，由于 l^2 项和自旋-轨道相互作用项（$l \cdot s$）的影响，有些高-N（高-j）轨道会闯入正常的能级轨道中

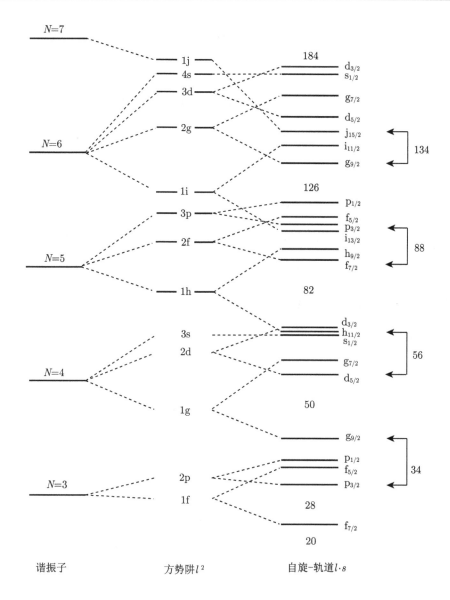

图 6.3 原子核的单粒子能级[118]

图中标出了比较重要的具有八极关联的能级对（$\Delta l = \Delta j = 3$）

去。这样，在满足 $\Delta N = 1$ 的条件时，闯入轨道 (l, j) 就会与正常能级
轨道 $(l-3, j-3)$ 发生强八极关联。如图 6.3 所示，具有较强八极关联
的能级对为 $(\mathrm{g}_{9/2}, \mathrm{p}_{3/2})$，$(\mathrm{h}_{11/2}, \mathrm{d}_{5/2})$，$(\mathrm{i}_{13/2}, \mathrm{f}_{7/2})$ 和 $(\mathrm{j}_{15/2}, \mathrm{g}_{9/2})$，它们

对应的核子数分别为：34，56，88 和 134。当原子核的质子或者中子的费米面接近或正好位于这些轨道上时，原子核就会有八极集体运动形态存在。如果原子核的质子和中子的费米面同时接近或处于这些壳上，原子核就会有比较稳定的八极形变。

在 6.1 节的介绍中，我们看到有很多原子核的八极形变并不是很稳定，这就导致实验上在八极形变原子核的低激发谱中有宇称劈裂的现象存在。关于这一点，我们可以通过图 6.4 来理解。图中上边的部分给出反射对称原子核的势场随形变参数 β_3 的变化趋势，在这种情况下，原子核的集体运动模式表现为八极振动（octupole vibration），这时可以给出原子核反射不对称形状的 $K^\pi = 0^-$ 带。图中下边的部分是具有稳定八极形变的原子核势场，它在 $\beta_3 = 0$ 时趋于无穷大，这样原子核就

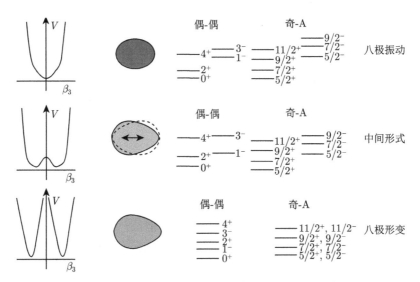

图 6.4　原子核的能谱以及在 $K = 0$ 时原子核势能随八极形变参数 β_3 的变化[117]
上边的图表示反射对称的轴对称形变椭球；中间的图为一软（soft）"梨形"原子核；下边的图

表示具有稳定八极形变的反射不对称原子核

不可能有反射对称形状出现，也就没有宇称劈裂现象。而实际上，这样的极限情况是不存在的。具有八极集体运动形态的原子核势场一般都是如图中中间部分所示，在两个镜像极小值之间有一个具有有限高度的势能位垒，原子核的形状可以穿透这个位垒达到其镜像形状，这表现了原子核八极形变的不稳定性，也是实验上观测到宇称劈裂的原因所在。

6.3 反射不对称原子核的结团模型研究

反射不对称原子核的低激发谱以及宇称劈裂现象既可以用具有八极形变动力学的模型来解释，也可以由包含质量不对称自由度的模型来描述。目前，国际上已经有很多理论模型被用来研究反射不对称原子核的性质，如反射不对称的平均场理论（reflection-asymmetric mean-field approach），粒子-转子模型（particle-plus-rotor model），生成坐标方法（generator-coordinate meethod），几何模型（algebraic models）以及结团模型（cluster model）。在这里，我们只介绍结团模型的一种，双核模型（di-nuclear system model）对反射不对称原子核的研究，其他各类模型对反射不对称原子核的研究见 Butler 和 Nazarewicz 的综述文章[111,117]。

在偶偶轻核区，有很多大形变原子核可以看作是一个对称的双核系统而不是一个椭球体。例如，铍（^{8}Be）可以看作是由两个 α 粒子所组成的核。在 ^{12}C 和 ^{12}C，一直到 ^{58}Ni 和 ^{58}Ni 反应中的核分子共振也都是原子核双核系统存在的典型例子[119]。实验上在重核区的裂变核中也观测到了结团型组态的存在[120]，结团模型对于更重核的描述可见

文献 [121-126]。双核系统（di-nuclear system, DNS）是指由两个相互接触但都保持各自独立性的原子核集团所组成的原子核体系的内禀组态，在这两个原子核集团之间可以交换核子（nucleon）或者核子集团（cluster）。这一思想最早由俄罗斯物理学家 V. V. Volkov 于 20 世纪 70 年代末引入，用来研究重离子反应中的深度非弹散射和熔合反应[127]。现在已经被成功地用来研究原子核反应和原子核结构中的多种物理现象。例如，对超重核合成中熔合（fusion）反应的计算，在没有形成复合核之前的准裂变（quasifission）与复合核的裂变（fission）的研究等[11,128-130]。在核结构研究中，双核模型被成功地应用于研究 ^{60}Zn 的正常形变带和超形变转动带[131,132]，以及 ^{60}Zn 和 $A \sim 190$ 质量区超形变转动带的退激发（decay out）现象[10,132]。在文献 [133] 中讨论了原子核的巨超形变是否可以看作双核系统以及如何在重离子反应中得到原子核的巨超形变态等问题。它还被成功地用来研究反射不对称原子核的结构，尤其是锕系核区偶偶核中观测到的宇称交替转动带和宇称劈裂现象[134,135]。最近，双核模型又被用来研究奇-A 核中的宇称双重带和宇称劈裂[136]现象。在文献 [136] 的讨论中，奇核子对原子核势能的贡献是通过增加原子核的弥散系数得到的，并没有作微观理论计算。单粒子自由度只在原子核的波函数里做了明确考虑。针对双核模型的发展现状，我们推广了双核模型，使其包含有单粒子自由度，从而能够更好地用于研究奇-A 核和奇奇核的性质[137]。在计算单粒子能级时，我们采用包含四极形变和八极形变的轴对称变形 Woods-Saxon 势来代替双中心势场求解单粒子的薛定谔方程。然后应用推广后的模型研究了锕系核区奇-A 核中的宇称双重带和宇称劈裂。计算结果表明，上述 Woods-Saxon 势可以对双核系统的单粒子运动给出很好的近似描述，因此可以进一步用来研究此类问题。在下面几章中，我们将对包含有单粒子自由度的双核模型以及其在奇-A 核中的应用作详细介绍。

第 7 章　奇-A 核中宇称双重带的双核模型研究

本章应用包含有单粒子自由度的双核模型对锕系核区中奇-A 核 ^{221}Ra 与 ^{223}Ra 中观测到的部分宇称双重带和宇称劈裂现象作详细的研究和讨论。7.1 节我们给出计算所用到的各个参数的取值；7.2 节给出奇核子的单粒子能级以及双核系统的势能，并讨论单粒子对双核系统势能的贡献；7.3 节给出奇-A 核中宇称双重带和宇称劈裂的计算结果。

7.1　参数的取值

在计算中我们取质量参数 $B_x = B_\eta$。 B_η 的取值范围可以由质量不对称度 η 与八极形变参数 β_3 之间的关系 [式（2.9）] 如下估出：

$$B_\eta \approx (\mathrm{d}\beta_3/\mathrm{d}\eta)^2 B_{\beta_3} = 9.3 \times 10^4 m_0 \mathrm{fm}^2 \tag{7.1}$$

这里 $B_{\beta_3} = 200\hbar^2 \mathrm{MeV}^{-1}$ 为已知值。这样，在 $B_\eta = (5-20) \times 10^4 m_0 \mathrm{fm}^2$ 取值范围内取合适的 B_η 值使得计算结果能够重复实验上转动带的带首能级。在下面的计算中，所有核的质量参数都取作 $B_\eta = 20 \times 10^4 m_0 \mathrm{fm}^2$。

在计算原子核的势能时，原子核半径参数的取值对双核组态中的 α 粒子和其他较重核的取值略有不同，分别取为 1.02fm 和 1.15fm。对于弥散系数，对 α 粒子、Be 同位素以及更重的核的取值分别为 0.48fm、0.52fm 和 0.55fm。

在计算转动惯量时，式（2.33）和式（2.34）中的参数 c_1，c_2 分别取为 $c_1 = 0.85, c_2 = 0.65$。c_1 的取值是考虑到实验上超形变带的转动惯量大约为刚体值的 80%。c_2 的取值则是通过重现实验能谱的 $I = K + 1$ 态拟合得到的。

7.2　单粒子能级及双核系统的有效势能

图 7.1 所示为 $^{222}\mathrm{Ra}$ 在 $I = 0$ 时的阶梯形势能图，图中的各个势垒和势阱分别代表不同双核组态的势能。图中各势垒和势阱的宽度自动设为相应组态的 x 值与前面所有组态 x 值之差。图中我们可以看到，α 粒子组态所对应的势能比单核组态 $(x = 0)$ 对应的势能还要低约 0.04MeV，这就说明 $^{222}\mathrm{Ra}$ 的基态所对应的组态是 α 粒子组态而并不是单核组态。而且我们还可以看到对于其他组态的势能都远远高于 α 粒子组态，尤其是与其相邻的 $^9\mathrm{Li}$ 与另外一个重核所组成的组态势能比其

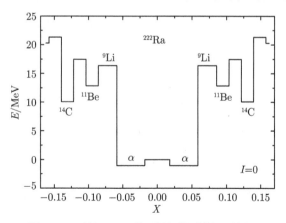

图 7.1　$^{222}\mathrm{Ra}$ 双核系统的阶梯形势能

高约 15MeV，所以在后面关于 Ra 同位素基态转动带的计算中，我们只考虑 α 粒子组态的势阱，且近似认为当 $x > x_{Li}$ 时，势能逐渐趋于无穷大。

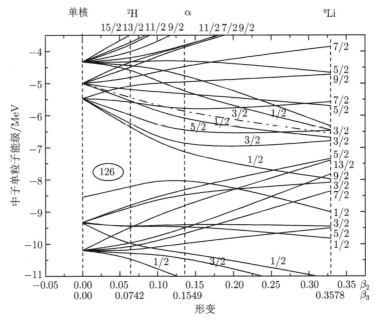

图 7.2　　^{223}Ra 中子单粒子能级随 $[\beta_2, \beta_3 = \beta_3(\beta_2)]$ 平面的变化

被最后一个单中子占据的轨道由点划线表示

由式（2.19）计算所得的 ^{223}Ra 中子单粒子能级随四极与八极形变参数 β_2, β_3 的变化见图 7.2。这里，由于在任意一双核组态（特定的 η 和 R）下，通过式（2.9）我们可以同时得到 β_2, β_3 以及更高阶的形变参数值，所以图 7.2 所示的中子单粒子能级是在 β_2, β_3 平面上运动的。图中虚线所示的位置分别对应于双核系统不同双核组态所对应的 β_2 和 β_3 的值。（$\beta_2 = 0, \beta_3 = 0$）对应于单核组态，（$\beta_2 = 0.1358, \beta_3 = 0.1549$）对应于 α 粒子组态，而（$\beta_2 = 0.3289, \beta_3 = 0.3578$）则对应于 ^{9}Li 和另外一个重核组成的组态。图中各条能级都由总角动量在对称轴上的分量 K 来

标记。图中我们看到，对于基态（α 粒子组态），^{223}Ra 的最后一个奇中子将会填布在 $K = 3/2$ 的轨道上（图中点划线），这与实验上对 ^{223}Ra 基带组态的指定完全一致。但如果假定原子核的基态为单核组态，则最后一个奇中子将会填补在 $K = 9/2$ 的轨道上，这与实验指定不符。同时我们也可以看到，图中奇中子所占据的 $K = 3/2$ 的单粒子能级轨道随着 $x = x_\alpha \sim x = x_{\mathrm{Li}}$ 的变化而逐渐下降，这就表示 ^{223}Ra 中最后一个单中子对势能的贡献将会是逐渐减小的，这样就会使得 α 粒子组态所对应的势阱深度更深。

在图 7.3 中，我们给出 ^{222}Ra 在自旋 $I = 0$ 时和 ^{223}Ra 在自旋 $I = 3/2$ 时的有效势能曲线 $U_{\mathrm{eff}}(x, I)$。图中， $x = 0$ 时我们取 $(V - V_{\mathrm{rot}}) = -0.5\mathrm{MeV}$ 以得到与实验值相符的转动带的晕态能级 $E(I = K)$。图中势阱的极小点对应于双核系统中 α 粒子组态。从图中可见，对于奇-A 核 ^{223}Ra 的势能极小点比偶偶核 ^{222}Ra 的势能极小点深约 0.5MeV。这是由 ^{223}Ra 中奇中子对势能的贡献造成的（图 7.2）。而正是由于奇-A 核势能极小点的值比相邻偶偶核的要小，所以得两个镜像极小点之间的势垒更高，这样反射不对称形状向反射对称形状的穿透概率变得更小，所以在实验中观测到的奇-A 核宇称双重带的宇称劈裂要比相邻偶偶核的小。

随着自旋 I 的不断增大，^{222}Ra 与 ^{223}Ra 势能极小点（$x = x_\alpha$）之差会变得越来越小（图 7.4）。尤其是到了自旋大约为 $33\hbar$ 附近，极小点之间的差别趋于零。这是因为随着自旋的不断增大，Coriolis 反配对效应逐渐增强，核内的核子沿转动方向的顺排也越来越大，这就使得堵塞在单粒子轨道上的奇核子效应变得不再重要。

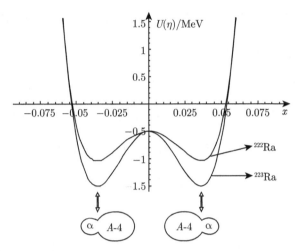

图 7.3　^{222}Ra 在自旋 $I=0$ 和 ^{223}Ra 在自旋 $I=3/2$ 时的有效势能 $U_{\text{eff}}(x, I)$

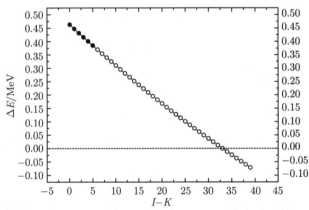

图 7.4　在 $x = x_\alpha$ 组态时，^{223}Ra 和 ^{222}Ra 势阱深度之差

圆圈表示目前还没有相应的实验数据

7.3　宇称双重带与宇称劈裂

由方程（2.35）计算所得 ^{223}Ra 基态宇称双重带（$K = 3/2$）的能

级见图 7.5(a) 中，为了便于比较，图中同时给出了基态宇称双重带的

实验值 [138] 和文献 [136] 中的计算结果。在表 7.1 中我们列出了这些结果的数值。比较之后我们发现，我们的计算可以很好的重现实验结果。尽管对于有些能级，如：$7/2^-$ 和 $11/2^-$ 能级，我们的计算结果对实验

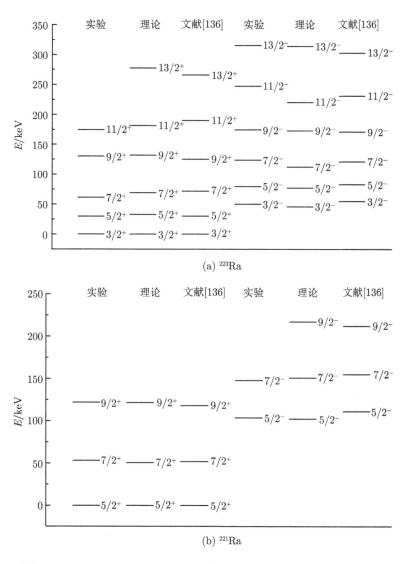

图 7.5 ^{223}Ra 和 ^{221}Ra 中宇称双重带的理论计算结果与实验值以及文献 [136] 中的计算值的比较

值的符合程度没有文献 [136] 中得到的结果符合的那么好，但是我们的结果都是通过微观计算得到的。从这些结果中我们可以看到，具有形变参数 β_2, β_3 的轴对称变形 Woods-Saxon 势是对双中心势的一个很好的近似，可以进一步用于研究类似的问题。

为了进一步确定方法的适用性，我们在同一组参数下，计算了 ^{221}Ra 的基态宇称双重带（$K = 5/2$），计算结果与实验结果和文献 [136] 中的计算结果一起列于表 7.2 中，同时为了更直观地做出比较，我们将这些结果画于图 7.5(b) 中。我们的计算结果仍旧能够很好地重现实验结果。

表 7.1　^{223}Ra(K=3/2) 中宇称双重带的实验值 (E_{exp}) [138]，理论计算值 (E_{calc}) 以及文献 [136] 中的计算结果 (E_{ref})

I	^{223}Ra(K=3/2)		
	E_{exp}/keV	E_{calc}/keV	E_{ref}/keV
$3/2^+$	0	0	0
$3/2^-$	50.1	45.7	55
$5/2^+$	29.8	32.7	30
$5/2^-$	79.7	77.4	83
$7/2^+$	61.4	69.2	72
$7/2^-$	123.7	112.3	121
$9/2^+$	130.2	131.8	125
$9/2^-$	174.6	173.0	171
$11/2^+$	174.6	181.5	190
$11/2^-$	247.4	220.4	231
$13/2^+$	—	277.6	266
$13/2^-$	315.5	314.1	303

表 7.2 ^{221}Ra$(K{=}5/2)$ 中宇称双重带的实验值 (E_{exp})[138]，理论计算值 (E_{calc}) 以及文献 [136] 中的计算结果 (E_{ref})

I	^{221}Ra$(K{=}5/2)$		
	E_{exp}/keV	E_{calc}/keV	E_{ref}/keV
$5/2^+$	0	0	0
$5/2^-$	103.5	102.2	111
$7/2^+$	53.2	50.6	52
$7/2^-$	147.8	150.7	155
$9/2^+$	122.0	121.6	118
$9/2^-$	—	217.1	212

从这些计算结果我们看到，在奇-A 核 ^{221}Ra 和 ^{223}Ra 的宇称双重带中仍旧有宇称劈裂的现象存在，但是这里的宇称劈裂比相邻偶偶核中的宇称劈裂要小，这是由于在奇-A 核中，由于最外层奇核子的贡献，原子核势能中的两个镜像势阱深度加深，这样就使得两个镜像极小点之间的势垒变高，从而使原子核具有更稳定的八极形变，这样在实验上观测到的宇称双重带中的宇称劈裂就会变得比相邻偶偶核中的要小。

本章中我们应用第 2 章所介绍的包含单粒子自由度的双核模型研究了锕系核区中的奇-A 核 ^{221}Ra 和 ^{223}Ra 中的宇称双重带以及宇称劈裂现象，在同一组参数下，计算所得结果与实验值符合得比较好，这说明：

(1) 锕系核区中反射不对称原子核的性质可以由双核模型给出很好的说明，这些核的基态组态可以认为是由 α 粒子加另外一个更重的核组成的组态，而不是单核组态。

(2) 具有形变参数 β_2, β_3 的轴对称变形 Woods-Saxon 单粒子势是对双中心势的一个很好的近似。在选择合适的形变参数后，可以很好地描述双核系统单粒子能级的性质，可以进一步用于研究此类问题。

另外，在我们的研究中进一步验证了在奇-A 核中宇称双重带的宇称劈裂比相邻偶偶核中的要小，这是由于奇-A 核的两个镜像势阱的深度要比相邻偶偶核的更深，这样两个镜像极小点之间的势垒就比相邻偶偶核的要高。而计算结果表明，正是奇-A 核中奇核子对势能的贡献，造成了其势阱深度的增加，从而使得奇-A 核中的宇称双重带的宇称劈裂比相邻偶偶核的要小。

第 8 章 核子谱的赝自旋对称性

8.1 引 言

原子核单粒子能谱对称性的研究一直以来都是人们关注和感兴趣的问题，如原子核体系自旋对称性的破缺。由于原子核体系中自旋-轨道相互作用的存在，原子核单粒子能谱中对应于自旋 $s = \pm\frac{1}{2}$ 的能级，$j = l \pm \frac{1}{2}$ 会有较大的自旋劈裂（$\sim 2l + 1$）。这里，j, l, s 分别为核子的总角动量，轨道角动量和自旋角动量量子数。非相对论近似下，在体系的哈密顿量中唯象地加入自旋-轨道耦合项（$l \cdot s$），可以重现实验上观测到的单粒子能谱，从而成功地解释幻数的存在[139-143]。在相对论平均场理论框架下，原子核的势场由很强的吸引标量场 $S(\boldsymbol{r})$ 和排斥矢量场 $V(\boldsymbol{r})$ 构成，这种表现形式还可自洽地给出由自旋-轨道耦合带来的原子核单粒子能级的自旋劈裂。

后来，进一步的研究发现，尽管原子核单粒子能谱中由于自旋-轨道耦合造成的自旋劈裂很大，但是在实验所得的单粒子能谱中还可以观察到有近简并的能级存在。20 世纪 60 年代末，赝轨道角动量量子数被引入，用来标记实验上观测到的原子核能谱中近简并的单粒子能级，这样这些近简并的单粒子能级就可以方便地表述为赝自旋伙伴态（pseudospin doublet）[144,145]，原子核的单粒子能谱则被认为有赝自旋对称性（pseudospin symmetry）存在。随后，赝自旋对称性的起源成为人们关心的问题，直到 20 世纪 90 年代，Bahri 等才首次将赝自旋对称性和相对论平均场联系起来 [146]。但最早深刻地揭示出赝自旋对称性的相对论起源是 Joseph N. Ginocchio，他在文献 [147] 中指出，赝自旋对称性是 Dirac 哈密顿量中吸引的标量势和排斥的矢量势相互抵消而导致的一种相对论性对称性。两年之后，Ginocchio 又在文献 [148] 中提出在原子核的反核子谱中可能存在类似的自旋对称性（spin symmetry）。随后，Zhou 等在文献 [149] 中应用相对论平均场理论验证了原子核反核子谱中自旋对称性的存在。

相对论平均场理论在过去的三十年里有着很广泛的应用，对核物质和有限核的一些物理性质给出了很成功的描述 [24,25,29,37,38]。在相对论平均场理论中，核子被看作 Dirac 粒子，它们之间的相互作用通过交换介子（meson）来实现。相对论平均场理论从包含核子和介子的有效拉格朗日量密度出发，得到核子的运动方程，即 Dirac 方程，介子的运动方程为 Klein-Gordon 方程（见第 3 章）。我们知道，对于自由粒子的 Dirac 方程，由于能量–动量关系，

$$E^2 = p^2c^2 + m^2c^4 \tag{8.1}$$

的限制，可以同时解得系统相应于 $E = +\sqrt{p^2c^2 + m^2c^4}$ 的正能解和相应于 $E = -\sqrt{p^2c^2 + m^2c^4}$ 的负能解。而负能解的部分也正是最受争议的地方，在应用相对论平均场理论计算原子核的性质时，负能解部分的贡献通常被忽略不计，称之为无海近似（no sea approximation）。在 Dirac 的空穴理论中 [23]，负能解部分的单粒子能级被解释为反粒子能

级。对于一个原子核体系，由于核子之间存在相互作用，所以式（8.1）不再成立，但在对负能解的定性解释上，以上讨论对核子的 Dirac 方程仍旧适用。这可以参照示意图 8.1 来说明。图 8.1(a) 为核子势及单粒子能级示意图，如图所示，在正能部分，核子势由 $V(\boldsymbol{r}) + S(\boldsymbol{r})$ 来决定，而负能部分的核子势由 $V(\boldsymbol{r}) - S(\boldsymbol{r})$ 来决定。我们对 Dirac 哈密顿量的负能态做电荷共轭变换就可以得到原子核的反核子态，而电荷共轭变换的结果只使得 $V(\boldsymbol{r})$ 改变了符号，这样将反核子的势场及单粒子势给于图 8.1(b) 中，我们就可以很直观地看到，核子谱中负能解部分的单粒子能级正好对应于反核子谱中正能解的单粒子能级。这样我们就可以通过研究原子核单粒子谱中相应于负能解的单粒子能级对称性从而得到原子核反核子谱的对称性。

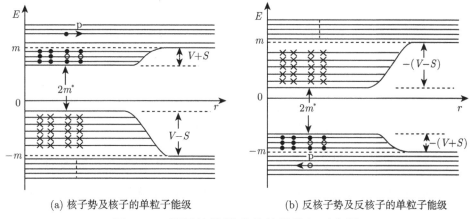

(a) 核子势及核子的单粒子能级　　　(b) 反核子势及反核子的单粒子能级

图 8.1　　原子核势场及单粒子能级示意图

与核子谱的赝自旋对称性一样，反核子谱的自旋对称性也是一种相对论性的对称性，它与核子谱的赝自旋对称具有相同的起源，但是反核子谱的自旋对称性在实际的原子核中保持得更好[149]。对于一对自旋伙伴态，它们不仅具有近似简并的能级，同时，它们的波函数也满足一定的关系：除了它们的上分量近似全同外[149]，其下分量波函数还满足一定的微分关系。鉴于核子谱的赝自旋对称性与反核子谱的自旋对称性的紧密联系，在这一章中首先介绍核子谱的赝自旋对称性，介绍赝轨道角动量及赝自旋的概念和赝自旋对称性，并重点介绍赝自旋对称性的起源。

8.2　什么是赝自旋及赝自旋对称性？

赝自旋及赝自旋对称性的概念最早引入于 20 世纪 60 年代末[144,145]。实验上观测到的，用非相对论量子数 $(n, l, j = l+1/2)$ 和 $(n-1, l+2, j = l+3/2)$ 标记的两条单粒子能级是近简并的，这里，n, l 和 j 分别是核子的径向量子数，轨道量子数和总角动量量子数。如果引入赝轨道角动量量子数 $\tilde{l} = l+1$ 和赝自旋 $\tilde{s} = 1/2$，则这两条近简并的能级可以表示为 $(\tilde{n}+1, \tilde{l}, \tilde{j} = \tilde{l} - 1/2)$ 和 $(\tilde{n}, \tilde{l}, \tilde{j} = \tilde{l} + 1/2)$。例如，对于 $(2\mathrm{s}_{1/2}, 1\mathrm{d}_{3/2})$，就可以表示为一对赝自旋伙伴态 $(1\tilde{\mathrm{p}}_{1/2}, 1\tilde{\mathrm{p}}_{3/2})$，对应的赝径向量子数、赝轨道量子数和赝总角动量量子数分别为 $\tilde{n} = 1, \tilde{l} = 1, \tilde{j} = \tilde{l} \pm 1/2$。原子核单粒子能谱中的这些能级与赝自旋的取向近似无关，称为赝自旋伙伴态，原子核的能谱被认为具有近似的赝自旋对称性。图 8.2 给出了赝自旋伙伴态的例子。

赝自旋对称性最早发现于球形原子核的单粒子能谱中[144,145]，后来在轴对称变形原子核的能谱中也发现有近似的赝自旋对称性存在[150-152]。用一组非相对论的渐进量子数来标记轴对称形变原子核的单粒子能级，则 $[N, n_z, \Lambda] \Omega = \Lambda + \dfrac{1}{2}$ 和 $[N, n_z, \Lambda + 2] \Omega = \Lambda + \dfrac{3}{2}$ 的两条能级是近简并的。这里，N, n_3 是球形谐振子的主量子数及其在对称轴 z 轴上的投影，而 Λ 和 Ω 分别是轨道角动量和总角动量在对称轴上的投影。引入赝轨道角动量在对称轴上的投影 $\tilde{\Lambda}$ 和赝自旋在对称轴上的投影 $\tilde{\Sigma} = \pm 1/2$，则上述两条能级可以表示为关于 $\tilde{\Omega} = \tilde{\Lambda} \pm 1/2$ 的一对赝自旋伙伴态。变形原子核能谱的赝自旋对称性已经被应用于解释变形原子核的一些性质，如原子核的超形变态[153] 和全同带[64]。在文献 [154] 中发现赝自旋对称性在三轴超形变核中也近似成立。关于核子谱的赝自旋对称性的综述性文章见文献 [148], [155]。

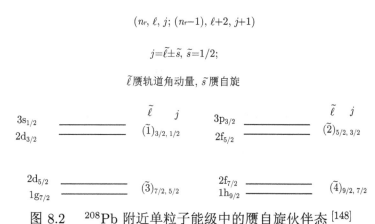

图 8.2 ^{208}Pb 附近单粒子能级中的赝自旋伙伴态[148]

n_r, l 和 j 分别是核子的径向量子数、轨道量子数和总角动量量子数；$\tilde{n}_r, \tilde{l}$ 和 $\tilde{j}$ 分别是核子的

赝径向量子数、赝轨道量子数和赝角动量量子数

8.3 赝自旋对称性的起源

自从赝自旋对称性被发现以来，人们对其起源就十分感兴趣，在这方面已经做了大量的工作。Bohr 等在 1982 指出赝自旋对称性与自旋–轨道相互作用和轨道–轨道相互作用强度的比值有关[156]。包含修正

的谐振子势的壳模型单粒子哈密顿量可表示为

$$h = h_{\mathrm{osc}} + v_{ls}\boldsymbol{l}\cdot\boldsymbol{s} + v_{ll}(l^2 - \langle l^2\rangle) \tag{8.2}$$

其中，$\boldsymbol{l}\cdot\boldsymbol{s}$ 是自旋–轨道相互作用项；$(l^2 - \langle l^2\rangle)$ 是轨道–轨道相互作用项；v_{ls} 和 v_{ll} 分别是其相互作用强度。在式（8.2）中的自旋–轨道劈裂 $\boldsymbol{l}\cdot\boldsymbol{s}$ 是很大的。然后将式（8.2）转化到"赝"空间中，即用赝自旋、轨道代替其中的自旋、轨道算符，

$$h = \tilde{h}_{\mathrm{osc}} + (4v_{ll} - v_{ls})\boldsymbol{l}\cdot\boldsymbol{s} + v_{ll}(\tilde{l}^2 - \langle\tilde{l}^2\rangle) + (\hbar\omega + 2v - l^2 - v_{ls}) \tag{8.3}$$

这样，当上式满足

$$(4v_{ll} - v_{ls}) \approx 0 \tag{8.4}$$

时，赝自旋–轨道劈裂就近似为零。而实验观测的数据也表明 $\tilde{v}_{ls} = (4v_{ll} - v_{ls}) \approx 0$，见表 8.1。但是，在文献 [156] 并没有指出式（8.4）成立的理论依据。

表 8.1　修正的振子势参数（v_{ls} 和 v_{ll} 取自文献 [14]）

原子核质量区	$-v_{ls}$	v_{ll}	$-\tilde{v}_{ls}$
$50 < Z < 82$	0.127	0.0382	0.026
$82 < N < 126$	0.127	0.0268	-0.019
$82 < Z < 126$	0.115	0.0375	0.035
$126 < N$	0.127	0.0206	0.045

十年后，Bahri 等将 $(v_{ls} \approx 4v_{ll})$ 的比值条件与相对论平均场的计算结果联系起来[146]。式（8.2）中 l^2 的加入是为了使原子核的势场在 l 较

大时比谐振子势，$V(\boldsymbol{r}) = \dfrac{1}{2} m\omega^2 r^2$ 变得更平。在原子核的质量数很大的时候，这样的势场近似于有限深球方势阱。如果用一个无限深势阱来代替的话，原子核的单粒子能级就可以如下给出：

$$E_{nl} = \left(\frac{\hbar^2}{2mR^2} \right) x_{nl}^2 \tag{8.5}$$

其中 R 是势阱的半径；x_{nl}^2 为零阶的球 Bessel 函数；$x_{nl}^2 \approx \left[\left(\dfrac{1}{2} n + 1 \right) \pi \right]^2 - l(l+1)$。这样，由轨道–轨道相互作用而导致的能级劈裂就遵循 $l(l+1)$ 的规则，所以，

$$v_{ll} = -\frac{\hbar^2}{2mR^2} \tag{8.6}$$

从 Dirac 方程出发，利用相对论平均场理论的非相对论约化，自旋–轨道相互作用可以表示为

$$V_{ls} = \frac{\hbar^2}{2m} \frac{2}{r} \frac{\mathrm{d}}{\mathrm{d}r} \left(\frac{1}{1 - B\rho/\rho_0} \right) \boldsymbol{l} \cdot \boldsymbol{s} \tag{8.7}$$

这里，ρ 和 ρ_0 分别表示核子在半径为 r 的地方和在核物质当中的密度；B 是与原子核标量势和矢量势强度有关的耦合常数。对 V_{ls} 在半径 R 内求平均就可以得到自旋–轨道相互作用强度，

$$v_{ls} = \frac{\hbar^2}{2mR^2} \frac{6B}{1 - B} \tag{8.8}$$

这样，比较式（8.6）和（8.8），就可以得到 Nilsson 参数 μ，

$$\mu = \frac{2v_{ll}}{v_{ls}} = \frac{1 - B}{3B} \tag{8.9}$$

如果 $\mu = 0.5$，就要求 $B = 0.4$。而 Walecka 的相对论平均场理论 [23] 和 NJL 模型 [157-159] 中给出的 B 分别为 $B = 0.427$ 和 $B = 0.327$，均近似等于 0.4。更详细的介绍见文献 [160]，[161]。

Ginocchio 首次深刻地揭示出赝自旋对称性的相对论起源[147,148]，指出赝轨道角动量就是 Dirac 旋量下分量的轨道角动量，在体系的矢量势和标量势大小相同，符号相反，即 $S(\boldsymbol{r}) + V(\boldsymbol{r}) = 0$ 时，原子核的单粒子能级具有严格的赝自旋对称性。

如 3.2 节所示，核子的 Dirac 方程可表示为

$$\{\boldsymbol{\alpha} \cdot \boldsymbol{p} + \beta[m + S(\boldsymbol{r})] + V(\boldsymbol{r})\}\psi(\boldsymbol{r}) = \epsilon\psi(\boldsymbol{r}) \tag{8.10}$$

考虑球对称系统，则体系的好量子数为径向量子数 n，总角动量量子数 j 及其在对称轴 z 轴上的投影 m 和 κ。其中 $\kappa = (-)^{j+l+1/2}(j+1/2)$ 是算符 $\hat{\kappa} = -\beta\left(\hat{\boldsymbol{\sigma}} \cdot \hat{\boldsymbol{l}} + 1\right)$ 的本征值，它可以用来表征自旋–轨道耦合。体系的能级可以由径向量子数 n 和 κ 来标记。式（8.10）描述一个 Dirac 粒子在由标量势 $S(\boldsymbol{r})$ 和矢量势 $V(\boldsymbol{r})$ 共同决定的势场中运动。包含有上分量 g 和下分量 f 的 Dirac 波函数可以记为

$$\psi(\boldsymbol{r}) = \begin{pmatrix} g \\ f \end{pmatrix} = \frac{1}{r}\begin{pmatrix} \mathrm{i}G_{n\kappa}(r)Y_{jm}^{l}(\theta,\phi,s) \\ \\ F_{\tilde{n}\kappa}(r)Y_{jm}^{\tilde{l}}(\theta,\phi,s) \end{pmatrix} \tag{8.11}$$

这里，

$$Y_{jm}^{l}(\theta,\phi,s) = \sum_{m_l,m_s} \left\langle lm_l\frac{1}{2}m_s|jm \right\rangle Y_{lm_l}(\theta,\phi)\chi_{m_s}(s)$$

$G_{n\kappa}(r)/r$ 和 $F_{\tilde{n}\kappa}(r)/r$ 是径向波函数，

$$\kappa = \begin{cases} -l-1, & j = l+1/2 \\ l, & j = l-1/2 \end{cases} \tag{8.12}$$

$\tilde{l} = l - \text{sign}(\kappa)$ 是波函数下分量的轨道角动量，上下分量的径向量子数 n 与 $\tilde{n}$ 之间的关系为 [162]

$$\tilde{n} = \begin{cases} n+1, & \kappa > 0 \\ n, & \kappa < 0 \end{cases} \tag{8.13}$$

将波函数（8.11）代入式（8.10），则 Dirac 方程可以表示为两个相互耦合的径向微分方程（Dirac 径向方程的求解见文献 [163]），

$$\left[\frac{\mathrm{d}}{\mathrm{d}r} - \frac{\kappa}{r} \right] F(r) = -\left[m - \epsilon + V_+(r) \right] G(r) \tag{8.14a}$$

$$\left[\frac{\mathrm{d}}{\mathrm{d}r} + \frac{\kappa}{r} \right] G(r) = -\left[m + \epsilon - V_-(r) \right] F(r) \tag{8.14b}$$

其中 $V_\pm(r) = V(r) \pm S(r)$。如果令 $V_+(r) = 0$，即假设原子核的标量势与矢量势的大小相等，符号相反，则可以证明原子核具有严格的赝自旋对称性。将式（8.14a）中 $G(r)$ 的表达式代入式（8.14b）中，并应用下列关系：

$$\kappa(\kappa - 1) = \tilde{l}(\tilde{l} + 1), \quad \kappa(\kappa + 1) = l(l + 1) \tag{8.15}$$

就可以得到关于 $F(r)$ 的二阶微分方程，

$$\frac{1}{M_-} \left[\frac{\mathrm{d}^2}{\mathrm{d}r^2} - \frac{\tilde{l}(\tilde{l} + 1)}{r^2} - m + V_- \right] F(r) = \epsilon F(r) \tag{8.16}$$

这里，$M_\pm = m \pm \epsilon \mp V_\mp$。

式（8.16）是一个包含势 $V_-(r)$ 的薛定谔方程，其本征值 ϵ 通过赝转动能项 $\dfrac{\tilde{l}(\tilde{l}+1)}{r^2}$ 只依赖于赝轨道角动量 $\tilde{l}$，而与 κ 无关。这样，对于

具有相同 $\tilde{l}$ 值, 不同 κ 值 ($\kappa = \tilde{l} + 1$, $\kappa > 0$; $\kappa = -\tilde{l}$, $\kappa < 0$) 的单粒子能级就会发生简并, 满足赝自旋对称性。

然而在极限情况, $V_+(r) = 0$ 时, 原子核将没有束缚态, 只有 Dirac 海的负能态, 这与实际情况不符。这样, Meng 等在文献 [164] 中提出, 赝自旋对称性是离心位垒 (centrifugal barrier) 和赝自旋–轨道势 (pseudospin orbital potential) 之间相互竞争的结果, 而后者主要由 dV_+/dr 来决定。

Dirac 旋量上分量 $G(r)$ 与下分量 $F(r)$ 的类薛定谔方程可以表示为

$$\left[\frac{\mathrm{d}^2}{\mathrm{d}r^2} - \frac{1}{M_+}\frac{\mathrm{d}V_-}{\mathrm{d}r}\frac{\mathrm{d}}{\mathrm{d}r} - \frac{l(l+1)}{r^2} - \frac{1}{M_+}\frac{\kappa}{r}\frac{\mathrm{d}V_-}{\mathrm{d}r}\right]G(r) = M_- M_+ G(r) \quad (8.17\mathrm{a})$$

$$\left[\frac{\mathrm{d}^2}{\mathrm{d}r^2} - \frac{1}{M_-}\frac{\mathrm{d}V_+}{\mathrm{d}r}\frac{\mathrm{d}}{\mathrm{d}r} - \frac{\tilde{l}(\tilde{l}+1)}{r^2} - \frac{1}{M_-}\frac{\kappa}{r}\frac{\mathrm{d}V_+}{\mathrm{d}r}\right]F(r) = M_+ M_- F(r) \quad (8.17\mathrm{b})$$

很显然, 在求解本征值和本征矢时, 式 (8.17b) 和 (8.17a) 是完全等价的。通常人们通过式 (8.17a) 来研究原子核单粒子能级的自旋–轨道劈裂, 这里,

$$\frac{1}{M_+}\frac{\kappa}{r}\frac{\mathrm{d}V_-}{\mathrm{d}r} \tag{8.18}$$

为自旋–轨道作用势。相应于式 (8.17b), 赝自旋–轨道势即为

$$\frac{1}{M_-}\frac{\kappa}{r}\frac{\mathrm{d}V_+}{\mathrm{d}r} \tag{8.19}$$

赝自旋–轨道势就是表征赝自旋–轨道劈裂的项, 在这一项中, 如果 $dV_+/dr = 0$, 则赝自旋伙伴态的劈裂将为零, 体系具有严格的赝自旋对称性, 这一条件亦满足前面介绍的 $V_+ = 0$ 的特殊情况。如果

$\mathrm{d}V_+/\mathrm{d}r \neq 0$，但当赝自旋–轨道作用势远远小于体系的离心位垒时，即

$$\frac{1}{M_-}\frac{\kappa}{r}\frac{\mathrm{d}V_+}{\mathrm{d}r} \ll \frac{\tilde{l}(\tilde{l}+1)}{r^2} \tag{8.20}$$

成立，则体系单粒子能级中的赝自旋对称性会很好地近似成立。

第 9 章 反核子谱的自旋对称性

相对论平均场理论中核子的运动方程由 Dirac 方程给出，而 Dirac 方程负能量部分的单粒子能级对应于原子核的反核子谱。本章中我们介绍原子核反核子谱的自旋对称性。在 9.1 节中，首先应用相对论平均场理论解得反核子谱中自旋伙伴态近简并的单粒子能量，以及其与 Dirac 波函数大分量之间的关系 [149]。在 9.2 节中，我们讨论自旋伙伴态的 Dirac 波函数分量之间的关系，尤其是小分量波函数之间的微分关系。9.3 节中，以 ^{40}Ca 和 Ca 的同位素为例，检验 9.1 节和 9.2 节中得到的关于自旋伙伴态之间的各种关系。

9.1 原子核反核子谱的自旋对称性

将电荷共轭变换应用于 Dirac 哈密顿量的负能态上，就可以得到原子核的反核子态 [165]。标量势在电荷共轭变换下保持不变，但矢量势在电荷共轭变换下会改变其符号。这样，对式（8.10）及式（8.11）做电荷共轭变换就可以得到描述反核子运动的 Dirac 方程，

$$[\boldsymbol{\alpha} \cdot \boldsymbol{p} + \beta[m + S(\boldsymbol{r})] - V(\boldsymbol{r})]\psi(\boldsymbol{r}) = \tilde{\epsilon}\psi(\boldsymbol{r}) \tag{9.1}$$

以及反核子的波函数，

$$\psi(\boldsymbol{r}) = \frac{1}{r} \begin{pmatrix} F_{\tilde{n}\tilde{\kappa}}(r)Y_{jm}^{\tilde{l}}(\theta,\phi,s) \\ \mathrm{i}G_{n\tilde{\kappa}}(r)Y_{jm}^{l}(\theta,\phi,s) \end{pmatrix} \tag{9.2}$$

这里，$\tilde{\kappa} = (-)^{j+\tilde{l}+1/2}(j+1/2) = -\kappa$，且

$$n = \begin{cases} \tilde{n}+1, & \tilde{\kappa} > 0 \\ \tilde{n}, & \tilde{\kappa} < 0 \end{cases} \tag{9.3}$$

采用 Dirac 旋量上分量（大分量）量子数来标记原子核的状态，这样，原子核的反核子态记为 $\{\tilde{n}, \tilde{l}, \tilde{\kappa}, m\}$，其赝量子数为 $\{n, l, \kappa, m\}$，原子核的核子态则记为 $\{n, l, \kappa, m\}$，相应的赝量子数记为 $\{\tilde{n}, \tilde{l}, \tilde{\kappa}, m\}$。

考虑一个球形核，与核子的 Dirac 方程类似，反核子的 Dirac 方程也可表示为薛定谔形式的二阶微分方程，

$$\left[\frac{\mathrm{d}^2}{\mathrm{d}r^2} - \frac{1}{\tilde{M}_+}\frac{\mathrm{d}V_-}{\mathrm{d}r}\frac{\mathrm{d}}{\mathrm{d}r} - \frac{l(l+1)}{r^2} - \frac{1}{\tilde{M}_+}\frac{\kappa}{r}\frac{\mathrm{d}V_-}{\mathrm{d}r} \right] G(r) = \tilde{M}_-\tilde{M}_+ G(r) \tag{9.4a}$$

$$\left[\frac{\mathrm{d}^2}{\mathrm{d}r^2} - \frac{1}{\tilde{M}_-}\frac{\mathrm{d}V_+}{\mathrm{d}r}\frac{\mathrm{d}}{\mathrm{d}r} - \frac{\tilde{l}(\tilde{l}+1)}{r^2} - \frac{1}{\tilde{M}_-}\frac{\tilde{\kappa}}{r}\frac{\mathrm{d}V_+}{\mathrm{d}r} \right] F(r) = \tilde{M}_+\tilde{M}_- F(r) \tag{9.4b}$$

这里，$\tilde{M}_\pm = m \pm \tilde{\epsilon} \mp V_\mp$，其中 $\tilde{\epsilon}$ 是反核子的本征能量，$\tilde{\epsilon} = -\epsilon$。

从式（9.4b）中可以看到，当 $\mathrm{d}V_+/\mathrm{d}r = 0$ 时，原子核反核子谱中的单粒子能级将只与其轨道角动量量子数 $\tilde{l}$ 有关，而与表征自旋–轨道劈裂的量子数 $\tilde{\kappa}$ 无关，这时原子核的反核子谱将有严格的自旋对称性。如果 $\mathrm{d}V_+/\mathrm{d}r \neq 0$，但是其值很小，则体系的反核子谱将有近似的自旋对称性（对称性破缺），尤其是当反核子谱的自旋–轨道劈裂远远小于离心位垒时，即满足

$$\frac{1}{\tilde{M}_-}\frac{\tilde{\kappa}}{r}\frac{\mathrm{d}V_+}{\mathrm{d}r} \ll \frac{\tilde{l}(\tilde{l}+1)}{r^2} \tag{9.5}$$

时，这种对称性的破缺将会很小。结合式（8.17b），可以看到，原子核中核子谱的赝自旋对称性和反核子谱的自旋对称性的起源是相同的，所不同的是，反核子谱的自旋对称性是 Dirac 旋量大分量所体现的对称性，因而这种近似的对称性在实际的核中更容易得到满足，其对称性的破缺（自旋–轨道劈裂）会更小。原子核中反核子运动的势场由 $[S(\boldsymbol{r}) - V(\boldsymbol{r})]$（约 $-700\mathrm{MeV}$）来给出（注意，这里 $S(\boldsymbol{r})$ 为吸引势，而 $V(\boldsymbol{r})$ 为排斥势），反核子束缚能的取值范围为 $(m - V_-(0)) \leqslant \tilde{\epsilon} \leqslant m$；核子运动的势阱深度大约为 $[S(\boldsymbol{r}) + V(\boldsymbol{r})]$（约 $-50\mathrm{MeV}$），核子束缚能的取值范围则为 $(m - |V_+(0)|) \leqslant \epsilon \leqslant m$，这样，由于反核子谱中自旋–轨道劈裂和核子谱中赝自旋–轨道劈裂项系数，$1/\tilde{M}_-$ 和 $1/M_-$ 所作贡献的不同，所以在两种情况中，对称性破缺的程度在反核子谱的自旋对称性中要小很多。

与上述情况相类似，我们比较式（8.17a）和式（9.4a）就可以发现，当原子核的外场满足 $\mathrm{d}V_-/\mathrm{d}r = 0$ 时，原子核在核子谱中具有严格的自旋对称性，同时，在反核子谱中具有严格的赝自旋对称性。这就要求原子核的标量势和矢量势具有相同的符号，即要么都是吸引势，要么都是排斥势。目前，还没有在实际的核中观测到这两种对称性。我们在表 9.1 中给出原子核外场与原子核能谱中对称性之间的关系[149]。

表 9.1　原子核单粒子能谱对称性与外场之间的关系[149]

	核子	反核子
$\mathrm{d}V_-/\mathrm{d}r = 0$	自旋对称性	赝自旋对称性
$\mathrm{d}V_+/\mathrm{d}r = 0$	赝自旋对称性	自旋对称性

9.2 波函数之间的关系

当原子核的外场满足式（9.5）时，原子核的反核子谱具有近似的自旋对称性，这时对于一对自旋伙伴态（spin doublet），不仅其束缚能近似相等，它们所对应的 Dirac 波函数的大分量也近似全同[149]，除此之外，Dirac 波函数的小分量也满足一定的关系。在本节中，我们将给出这些波函数所满足的关系。

在球形核的情况下，反核子的 Dirac 方程可以表示为如下两个相互耦合的径向微分方程:

$$\left[\frac{\mathrm{d}}{\mathrm{d}r} + \frac{\tilde{\kappa}}{r}\right] F(r) = [m - \tilde{\epsilon} + V_+(r)]\, G(r) \tag{9.6a}$$

$$\left[\frac{\mathrm{d}}{\mathrm{d}r} - \frac{\tilde{\kappa}}{r}\right] G(r) = [m + \tilde{\epsilon} - V_-(r)]\, F(r) \tag{9.6b}$$

我们将式（9.6b）写成波函数 $F(r)$ 的表达式，并考虑一对自旋伙伴态，

$$F(r)_{\tilde{l}+\frac{1}{2}} = \frac{1}{[m + \tilde{\epsilon} - V_-(r)]}\left[\frac{\mathrm{d}}{\mathrm{d}r} - \frac{\tilde{\kappa}}{r}\right] G(r)_{\tilde{l}+\frac{1}{2}} \tag{9.7}$$

$$F(r)_{\tilde{l}-\frac{1}{2}} = \frac{1}{[m + \tilde{\epsilon}' - V_-(r)]}\left[\frac{\mathrm{d}}{\mathrm{d}r} - \frac{\tilde{\kappa}}{r}\right] G(r)_{\tilde{l}-\frac{1}{2}}$$

再应用自旋对称性所得的条件，

$$\epsilon_{\tilde{l}+\frac{1}{2}} \approx \epsilon_{\tilde{l}-\frac{1}{2}} \tag{9.8}$$

$$F(r)_{\tilde{l}+\frac{1}{2}} \approx F(r)_{\tilde{l}-\frac{1}{2}} \tag{9.9}$$

和如下关系:

$$\tilde{\kappa} = \tilde{l}, \qquad\qquad \tilde{\kappa} > 0 \qquad\qquad (9.10)$$

$$\tilde{\kappa} = -(\tilde{l} + 1), \quad \tilde{\kappa} < 0$$

就可以得到 Dirac 波函数下分量 $G(r)$ 所满足的关系

$$\left(\frac{\mathrm{d}}{\mathrm{d}r} + \frac{\tilde{l} + 1}{r} \right) G_{\tilde{l}+1/2}(r) = \left(\frac{\mathrm{d}}{\mathrm{d}r} - \frac{\tilde{l}}{r} \right) G_{\tilde{l}-1/2}(r) \qquad (9.11)$$

这里为了简约, 我们省略了径向量子数 $\tilde{n}$。这一关系式与文献 [166] 中赝自旋伙伴态波函数下分量的微分关系类似。下面, 我们将在实际的原子核中验证这一关系, 进一步检验原子核反核子谱中自旋对称性近似程度的好坏。

9.3 ^{40}Ca 及其同位素中反核子谱的自旋对称性

我们应用相对论平均场理论计算了双幻核 ^{40}Ca 中的单粒子能谱。首先在无海近似下, 自洽求解核子、介子以及光子在空间坐标下的运动方程, 得到原子核的标量场和矢量场, 然后应用此标量场和矢量场求解描述反核子运动的 Dirac 方程 [式 (9.1)], 就可以得到反核子的本征能量和波函数。在计算中, 我们采用了 NL3 参数。

图 9.1 中给出 ^{40}Ca 的反中子势以及反中子的单粒子能级。图中每一对自旋伙伴态, 左边为 $\tilde{l} - 1/2$ 的能级, 右边为 $\tilde{l} + 1/2$ 的能级。由于反核子的势阱深度比较深, 因此在图中, 我们可以看到很多的自旋伙伴态, 而且这些自旋伙伴态的劈裂都很小, 在 10^{-1}MeV 的数量级范围内。这说明反核子谱中具有比较严格的自旋对称性。在图 9.2 中, 我们给出了 ^{40}Ca 的反质子势和反质子的单粒子能级。通常, 由于电磁相互

作用，质子势会有一个库仑位垒。可是在反质子势中，我们看到在核表面附近，反质子势与束缚原子核表面势能越来越接近，但却一直保持了几个 MeV 的距离。这表明，反质子在原子核中受到（质子的）吸引作用，这是因为电荷共轭变换使得反质子带有了负电荷。同时我们在图中也看到，反质子谱中也有很多近简并的单粒子能级，组成自旋伙伴态，反质子谱也很好地满足了自旋对称性。

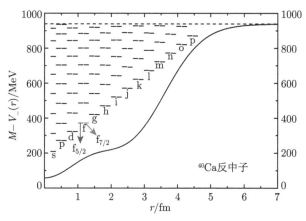

图 9.1 ^{40}Ca 的反中子势和反中子能谱

每一对自旋伙伴态中，左边为 $\tilde{l}-1/2$ 的能级，右边为 $\tilde{l}+1/2$ 的能级

除了近简并的能量之外，自旋伙伴态波函数的上下分量分别满足一定的关系，我们将这些关系示于图 9.3 中。^{40}Ca 中轨道角动量最低的一对反核子伙伴态 $\nu 0p_{1/2}$ 和 $\nu 0p_{3/2}$ 的径向波函数示于图 9.3(a)，它们的本征能量分别为 271.91MeV 和 271.55MeV。图中可以看到，自旋伙伴态波函数的上分量 $F(r)$ 几乎全同，但是对于下分量波函数 $G(r)$，彼此的偏离比较大。但是如式（9.11）所示，一对自旋伙伴态的波函数 $G(r)$ 满足一定的微分关系，我们分别将等式（9.11）的左边和右边画于图 9.3(b) 中，由图可见，波函数 $G(r)$ 的微分关系在实际的核中能

够很好地满足，这进一步证实了反核子谱的自旋对称性在实际的核中能够很好地近似成立。

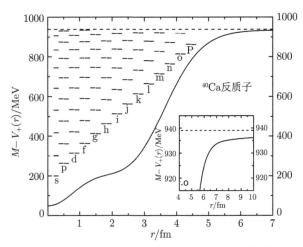

图 9.2　　^{40}Ca 的反质子势和反质子能谱

每一对自旋伙伴态中，左边为 $\tilde{l}-1/2$ 的能级，右边为 $\tilde{l}+1/2$ 的能级

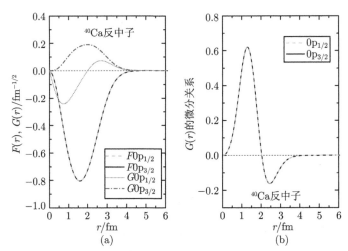

图 9.3　　^{40}Ca 反中子自旋伙伴态 $\nu 0p_{1/2}$（$\tilde{\epsilon}=271.91\mathrm{MeV}$）和 $\nu 0p_{3/2}$（$\tilde{\epsilon}=271.55\mathrm{MeV}$）的径向波函数（a）及下分量的微分关系式 (9.11)（b）

作为对比，我们计算了 ^{40}Ca 中子谱中 $\nu 1s_{1/2}$ 和 $\nu 0d_{3/2}$ 的一对赝自旋伙伴态。如图 9.4 所示，在中子的赝自旋伙伴态中，Dirac 旋量下分

量波函数近似全同 [图 9.4(a)]，但是上分量波函数却偏离很大。然而如文献 [147] 中式（40）所示，大分量的波函数应该满足类似于式（9.11）的关系。在图 9.4(b) 中，我们给出赝自旋对中大分量 $G(r)$ 的微分关系，在实际的核中，这种微分关系也近似满足。但是，对比反中子谱的自旋伙伴态，我们就会发现，无论是波函数 $F(r)$ 的全同性，还是 $G(r)$ 的微分关系，在反核子谱中都得到了更好的满足。

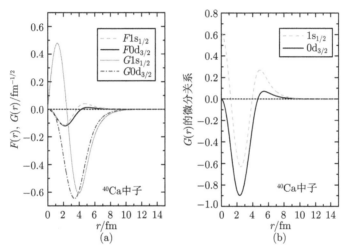

图 9.4　^{40}Ca 中子赝自旋伙伴态 $\nu 1s_{1/2}$ ($\epsilon = -16.955\mathrm{MeV}$) 和 $\nu 0d_{3/2}$ ($\epsilon = -16.169\mathrm{MeV}$) 的径向波函数（a）及下分量的微分关系文献 [147] 中式（40）（b）

文献 [149] 中曾提到，随着轨道角动量量子数 $\tilde{l}$ 的增加，反核子谱中的自旋–轨道劈裂也会随之增大，下面我们验证随着 $\tilde{l}$ 的增大，波函数的关系，式（9.9）和式（9.11）被满足的程度。在图 9.5(a) 和图 9.5(b) 中，分别给出对应于 $l=4$ 和 7 的两对自旋伙伴态，$\nu 0g_{7/2,9/2}$ 和 $\nu 0j_{13/2,15/2}$。其中，$\nu 0g_{7/2,9/2}$ 的两条能级所对应的能量分别为 421.19MeV 和 420.38MeV，$\nu 0j_{13/2,15/2}$ 为 563.46MeV 和 562.29MeV。所以对于较大的轨道角动量 $\tilde{l}$，自旋对称也很好地成立。

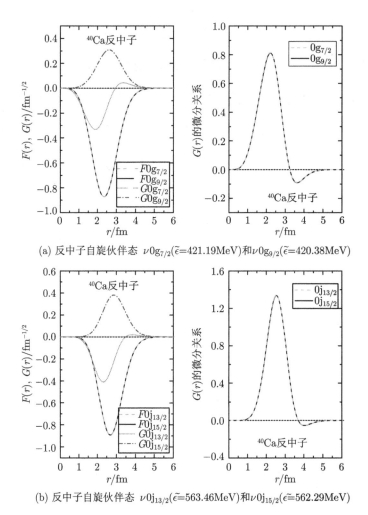

(a) 反中子自旋伙伴态　$\nu 0g_{7/2}(\tilde{\epsilon}=421.19\text{MeV})$和$\nu 0g_{9/2}(\tilde{\epsilon}=420.38\text{MeV})$

(b) 反中子自旋伙伴态　$\nu 0j_{13/2}(\tilde{\epsilon}=563.46\text{MeV})$和$\nu 0j_{15/2}(\epsilon=562.29\text{MeV})$

图 9.5　随着轨道角动量 $\tilde{l}$ 的增加，^{40}Ca 反中子自旋伙伴态的径向波函数（左边）及下分量的微分关系式 (9.11) （右边）

　　同时我们也检验了随着径向量子数 n_r 的增大，自旋对称性近似程度的好坏。同样计算式（9.9）和式（9.11）的关系，我们将结果示于图 9.6 中。其中图 9.6（a）和图 9.6（b）分别对应于 n_r＝3 和 6 的自旋伙伴态。对于 $\nu 3p_{1/2,3/2}$，其能级的能量分别为 596.60MeV 和 596.27MeV。而对于 $\nu 6p_{1/2,3/2}$ 的自旋伙伴态，其能级能量分别为 881.73MeV 和 881.45MeV。

可见,对应于较大径向量子数的自旋对,自旋对称性也可以很好地成立。

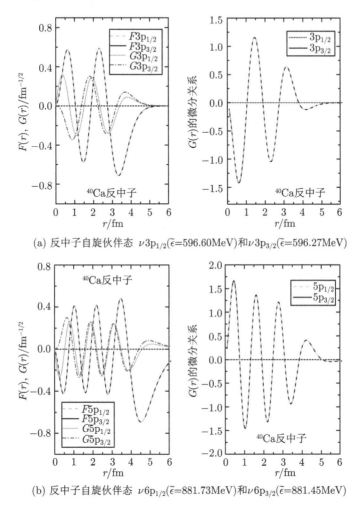

(a) 反中子自旋伙伴态 $\nu 3p_{1/2}(\tilde{\epsilon}=596.60\text{MeV})$ 和 $\nu 3p_{3/2}(\tilde{\epsilon}=596.27\text{MeV})$

(b) 反中子自旋伙伴态 $\nu 6p_{1/2}(\tilde{\epsilon}=881.73\text{MeV})$ 和 $\nu 6p_{3/2}(\tilde{\epsilon}=881.45\text{MeV})$

图 9.6 随着径向量子数 n_r 的增加,^{40}Ca 反中子自旋伙伴态的径向波函数(左边)及下分量的微分关系式 (9.11) (右边)

用同样的办法,我们计算了反质子谱中关系式(9.9)和(9.11)成立的情况。计算结果见图 9.7。类似于反中子,反质子谱的自旋伙伴态相应的波函数,也很好地满足相应的关系,具有很好的自旋对称性,这里不再做详细的讨论。

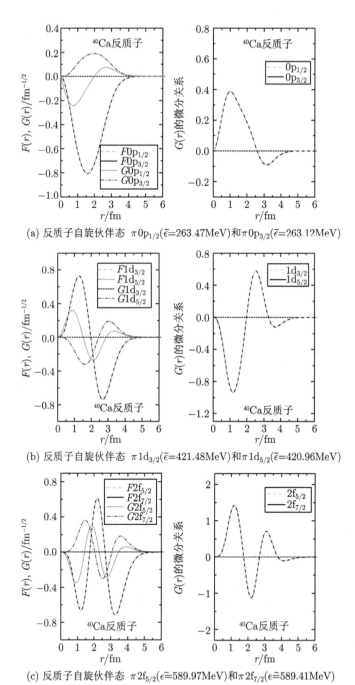

(a) 反质子自旋伙伴态 $\pi 0p_{1/2}(\tilde{\epsilon}=263.47\text{MeV})$ 和 $\pi 0p_{3/2}(\tilde{\epsilon}=263.12\text{MeV})$

(b) 反质子自旋伙伴态 $\pi 1d_{3/2}(\tilde{\epsilon}=421.48\text{MeV})$ 和 $\pi 1d_{5/2}(\tilde{\epsilon}=420.96\text{MeV})$

(c) 反质子自旋伙伴态 $\pi 2f_{5/2}(\epsilon=589.97\text{MeV})$ 和 $\pi 2f_{7/2}(\epsilon=589.41\text{MeV})$

图 9.7 ^{40}Ca 反质子自旋伙伴态的径向波函数（左边）及下分量的微分关系式 (9.11)（右边）

图 9.8 和图 9.9 给出从质子滴线核 ^{34}Ca 到中子滴线核 ^{56}Ca，钙同位素的反核子谱中，自旋伙伴态自旋劈裂的计算结果。图中空心表示丰质子的核，实心表示丰中子的核和双幻核 ^{40}Ca。由图可见，对于从 ^{34}Ca 到 ^{56}Ca 的核，无论是反质子的自旋劈裂还是反中子的自旋劈裂都很小（<1.0MeV）。以图 9.8 为例，可以看到，随着原子核内中子数的增加，自旋劈裂也变得越来越大，尤其是对于丰质子的核，增加的幅度比丰中子的核要大。但是我们注意到，对于质子滴线核 ^{34}Ca 的自旋劈裂却比所有其他的核都要小，而且它随着平均能量的变化趋势也和其他的核正好相反，这是滴线核奇异性的一种表示。反质子谱的情况与反中子的极为相似，只是在反质子谱中，^{34}Ca 的奇异性表现得更为突出。

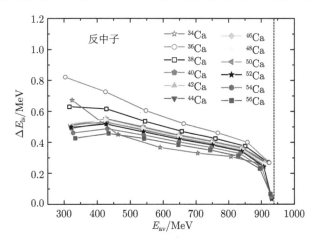

图 9.8　Ca 同位素反中子谱中自旋劈裂随平均能量的变化

从左到右的自旋伙伴态包括 $\nu n\mathrm{d}_{3/2}, \nu n\mathrm{d}_{5/3}$，$n = 1, 2, \cdots$

在这一章中，我们介绍了反核子谱的自旋对称性。与核子谱的赝自旋对称性一样，反核子谱的自旋对称性也是一种相对论性的对称性，它与核子谱的赝自旋对称具有相同的起源，而且相比于核子谱的赝自旋对称性，反核子谱的自旋对称性在实际的核中更加容易满足，而且它也是一种更加严格的对称性。对于一对自旋伙伴态，它们不仅具有近似简并的能级，而且它们的波函数也满足一定的关系：其上分量近似全同，下分量波函数满足一定的微分关系。本章的重点就是应用相对论平均场理论推导出下分量波函数之间满足的微分关系，并在实际的核中验证这些关系近似成立的好坏程度。

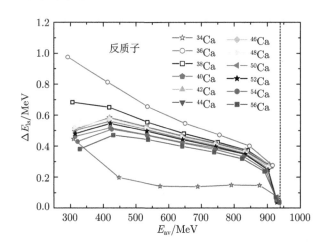

图 9.9　Ca 同位素反质子谱中自旋劈裂随平均能量的变化

从左到右的自旋伙伴态包括 $\pi nd_{3/2}$, $\pi nd_{5/3}$, $n = 1, 2, \cdots$

计算结果显示，原子核反核子谱的自旋对称性在实际的核中能够很好地近似成立，自旋的劈裂都在 10^{-1} MeV 的数量级内。而且它们波函数的上分量都近似全同，下分量也很好地满足推导所示的微分关系。在钙的同位素中，这种对称性也很好地近似成立。

附录 A　原子核形变的参数化

设原子核不可压缩，原子核的表面厚度可忽略不计，且核子的大小与原子核的大小相比可忽略不计（适合于较重的核），依据液滴模型，原子核表面半径可以由球谐函数的展开来描述，

$$R(\theta,\phi,t) = R_0 \left(1 + \sum_{\lambda=0}^{\infty} \sum_{\mu=-\lambda}^{\lambda} \alpha_{\lambda\mu}^*(t) Y_{\lambda\mu}(\theta,\phi) \right) \qquad (A.1)$$

这里，$R(\theta,\phi,t)$ 表示在 (θ,ϕ) 方向上，t 时刻原子核的半径。R_0 表示同体积下球形核的半径。$\alpha_{\lambda\mu}^*(t)$ 是时间依赖的形状参数。随着 λ 的增加，方程 (A.1) 中各多阶项的物理意义如下：

(1) 单极模式（monopole mode），$\lambda = 0$。由于球谐函数 $Y_{00}(\Omega)$ 是常数，所以非零的 α_{00} 只引起球形核半径的改变，即原子核做径向胀缩振动，如巨单极共振。原子核的这种激发模式也称作"呼吸模式"(breath mode)。由于原子核的不可压缩性，这种激发能很高 (40～50MeV)，对于我们通常研究的原子核低激发态，可不必考虑。

(2) 偶极项 (dipole term)，$\lambda = 1$。在一级近似下，质心位置由 $\alpha_{1\mu}(\mu = 0, \pm 1)$ 描述，所以这项用来描述原子核的质心运动，与原子核的内部结构无关。由原子核内中子体系和质子体系的相对运动所产生的巨偶极共振的能量也很高 (>10MeV)，在研究低激发谱时也可以不考虑。

(3) 四极形变 (quadrupole deformation)，$\lambda = 2$。原子核的四极形变是原子核低激发态中最重要的集体激发模式。实验中大量原子核转动谱的观测都证明了原子核四极形变的稳定存在。原子核的四极形变具有空间反演对称性，所以实验上观测到的属于同一转动带内的各条能级都具有相同的宇称。

(4) 八极形变 (octupole deformation)，$\lambda = 3$。实验上负宇称带的观测证明了原子核八极形变的稳定存在。原子核的八极形变破坏了原子核的空间反演对称性，是一种反射不对称形变。对于具有八极形变的原子核，实验上观测到属于同一条转动带的能级既有正宇称，又有负宇称。

(5) 十六极形变 (hexadecupole deformation)，$\lambda = 4$。这一项是核理论中较重要的形变激发模式中的最高阶项。目前，实验上还没有在原子核能谱中观测到单纯的原子核十六极形变激发模式。它与原子核四极形变激发以及重核的基态形状相互作用从而影响原子核的性质。

(6) 高阶项 (higher multipole deformation)。对于 $\lambda > 4$ 的项，在这里没有实际的物理意义。

附录 B 关于算符 $R_x(\pi)$

$R_x(\pi) = \mathrm{e}^{-\mathrm{i}\pi j_x}$，表示体系绕 x 轴旋转 180° 的运动。

1. 证明: $R_x(\pi)|\xi\rangle = (-)^{N_\xi}\mathrm{e}^{-\mathrm{i}\pi/2}|-\xi\rangle = (-)^{N_\xi+1/2}|-\xi\rangle$

利用 $D(\alpha, \beta, \gamma)$ 来表示 $R_x(\pi)$，则

$$R_x(\pi) \quad = D(-\pi/2, \pi, \pi/2) \tag{B.1}$$

$$\begin{aligned}
R_x(\pi)Y_{l\Lambda} &= \sum_{\Lambda'} Y_{l\Lambda'} D^l_{\Lambda'\Lambda}(-\pi/2, \pi, \pi/2) \\
&= \sum_{\Lambda'} \mathrm{e}^{\mathrm{i}\Lambda'\pi/2} d^l_{\Lambda'\Lambda}(\pi) \mathrm{e}^{-\mathrm{i}\Lambda'\pi/2} Y_{l\Lambda'} \\
&= \sum_{\Lambda'} \mathrm{e}^{\mathrm{i}(\Lambda'-\Lambda)\pi/2} (-)^{l+\Lambda'} \delta_{\Lambda',-\Lambda} Y_{l\Lambda'} \\
&= \mathrm{e}^{\mathrm{i}\pi\Lambda} (-)^{l-\Lambda} Y_{l,-\Lambda'} \\
&= (-)^l Y_{l,-\Lambda'}
\end{aligned} \tag{B.2}$$

类似地，有

$$R_x(\pi)\chi_{\frac{1}{2}\Sigma} = (-)^{1/2}\chi_{\frac{1}{2},\Sigma} \tag{B.3}$$

$$R_x(\pi)Y_{l\Lambda}\chi_{\frac{1}{2}\Sigma} = (-)^{l+1/2}Y_{l,-\Lambda}\chi_{\frac{1}{2},\Sigma} \tag{B.4}$$

记

$$|l\Lambda\Sigma\rangle = Y_{l\Lambda}\chi_{\frac{1}{2}\Sigma}$$

$$|l-\Lambda-\Sigma\rangle = Y_{l,-\Lambda}\chi_{\frac{1}{2},-\Sigma} \tag{B.5}$$

则有

$$R_x(\pi)|l\Lambda\Sigma\rangle = (-)^{l+1/2}|l-\Lambda-\Sigma\rangle \tag{B.6}$$

对于谐振子势:

$$|Nl\Lambda\Sigma\rangle = R_{Nl}(r)Y_{l\Lambda}(\theta\phi)\chi_{\frac{1}{2}\Sigma}(s_z) \tag{B.7}$$

有

$$R_x(\pi)|Nl\Lambda\Sigma\rangle = (-)^{N+1/2}|Nl,-\Lambda,-\Sigma\rangle \tag{B.8}$$

这里,

$$(-)^l = (-)^N \tag{B.9}$$

对于 Nilsson 波函数:

$$\chi_\Omega = \sum_{l\Lambda} a_{l\Lambda}|Nl\Lambda\Sigma\rangle \qquad (\Sigma = \Omega - \Lambda) \tag{B.10}$$

$$\chi_{-\Omega} = \sum_{l\Lambda} a_{l\Lambda}|Nl,-\Lambda,-\Sigma\rangle \quad (\Omega > 0) \tag{B.11}$$

$$R_x(\pi)\chi_\Omega = (-)^{N+1/2}\sum_{l\Lambda} a_{l\Lambda}|Nl,-\Lambda,-\Sigma\rangle$$

$$= (-)^{N+1/2}\chi_{-\Omega} \tag{B.12}$$

即

$$R_x(\pi)|\xi\rangle = (-)^{N_\xi}\mathrm{e}^{-\mathrm{i}\pi/2}|-\xi\rangle$$

$$= (-)^{N_\xi+1/2}|-\xi\rangle \tag{B.13}$$

2. $R_x(\pi)$ 本征函数的构成

Nilsson 波函数选用的基失 $(H_0 l^2 l_z s_z)$ 的共同本征态 $|Nl\Lambda\Sigma\rangle$，也是 $j_z = l_z + s_z$ 的本征态，记为

$$|\xi\rangle = |N_\xi l_\xi \Lambda_\xi \Sigma_\xi\rangle$$
$$|-\xi\rangle = |N_\xi l_\xi, -\Lambda_\xi, -\Sigma_\xi\rangle \tag{B.14}$$

则

$$j_z|\pm\xi\rangle = \pm\Omega|\pm\xi\rangle, \quad \Omega_\xi = \Lambda_\xi + \Sigma_\xi \quad (\Omega_\xi > 0) \tag{B.15}$$

定义:

$$|\xi\alpha\rangle = \frac{1}{\sqrt{2}}[1 - e^{-i\pi\alpha}R_x(\pi)]|\xi\rangle \quad (\alpha = \pm 1/2) \tag{B.16}$$

利用

$$R_x(\pi)|\xi\rangle = (-)^{N_\xi + 1/2}|-\xi\rangle$$
$$= (-)^{N_\xi} e^{-i\pi/2}|-\xi\rangle \tag{B.17}$$

以及

$$R_x^2(\pi) = -1 \tag{B.18}$$
$$e^{i\pi\alpha} = e^{-i\pi\alpha} \tag{B.19}$$

则

$$R_x(\pi)|\xi\alpha\rangle = \frac{1}{\sqrt{2}}R_x(\pi)[1 - e^{-i\pi\alpha}R_x(\pi)]|\xi\rangle$$

$$= \frac{1}{\sqrt{2}}[R_x(\pi) + \mathrm{e}^{-\mathrm{i}\pi\alpha}]|\xi\rangle$$

$$= \frac{1}{\sqrt{2}}\mathrm{e}^{-\mathrm{i}\pi\alpha}[\mathrm{e}^{\mathrm{i}\pi\alpha} + 1]|\xi\rangle$$

$$= \frac{1}{\sqrt{2}}\mathrm{e}^{-\mathrm{i}\pi\alpha}[1 - \mathrm{e}^{-\mathrm{i}\pi\alpha}R_x(\pi)]|\xi\rangle \tag{B.20}$$

所以

$$R_x(\pi)|\xi\alpha\rangle = \mathrm{e}^{-\mathrm{i}\pi\alpha}|\xi\alpha\rangle = r|\xi\alpha\rangle$$

$$r = \mathrm{e}^{-\mathrm{i}\pi\alpha} \quad (\alpha = \pm 1/2 \sim r = \mp\mathrm{i}) \tag{B.21}$$

可见，$|\xi\alpha\rangle$ 是 $R_x(\pi)$ 的本征态，同时也是 j_z^2 的本征态，

$$j_z^2|\xi\alpha\rangle = \Omega_\xi^2|\xi\alpha\rangle \tag{B.22}$$

但不再是 j_z 的本征态。

附录 C $|\xi\alpha\rangle$ 态中矩阵元的证明

将未推转的 Nilsson 波函数记为 $|\xi\rangle$，$R_x(\pi)$ 和 j_z^2 的共同本征态记为 $|\xi\alpha\rangle$。在 $|\xi\alpha\rangle$ 表象中，单粒子哈密顿量记为

$$h_0 = h_{\rm Nil} - \omega j_x \tag{C.1}$$

将其在给定的 α 子空间中对角化（α 为好量子数）。$h_{\rm Nil}$ 中任意一项 F 都与 $R_x(\pi)$ 对易，所以

$$\langle\xi\alpha|F|\xi'\alpha'\rangle = \langle\xi|F|\xi'\rangle\delta_{\alpha\alpha'} \tag{C.2}$$

对于 j_x 项，如果 $\Omega_\xi \neq 1/2$ 或 $\Omega_{\xi'} \neq 1/2$，有

$$\langle\xi\alpha|j_x|\xi'\alpha'\rangle = \langle\xi|j_x|\xi'\rangle\delta_{\alpha\alpha'} \tag{C.3}$$

但对于 $\Omega_\xi = \Omega_{\xi'} = 1/2$，则有

$$\langle\xi\alpha|j_x|\xi'\alpha'\rangle = (-)^{N_\xi+1/2-\alpha}\langle\xi|j_x|-\xi'\rangle\delta_{\alpha\alpha'} \quad (\alpha = \pm 1/2) \tag{C.4}$$

下面给出证明，

$$\langle\xi\alpha|j_x|\xi'\alpha'\rangle = \langle\xi\alpha|j_x|\xi'\alpha\rangle\delta_{\alpha\alpha'} \tag{C.5}$$

利用定义，

$$|\xi\alpha\rangle = \frac{1}{\sqrt{2}}\left[|\xi\rangle - {\rm e}^{-{\rm i}\pi\alpha}R_x(\pi)|\xi\rangle\right]$$

$$= \frac{1}{\sqrt{2}} \left[|\xi\rangle - (-)^{N_\xi} \mathrm{e}^{-\mathrm{i}\pi(\alpha+1/2)} | - \xi\rangle \right] \tag{C.6}$$

则

$$\langle \xi\alpha | j_x | \xi'\alpha' \rangle = \frac{1}{2} \left[\langle \xi | - (-)^{N_\xi} \mathrm{e}^{\mathrm{i}\pi(\alpha+1/2)} \langle -\xi | \right] j_x \left[|\xi'\rangle \right.$$

$$\left. - (-)^{N_{\xi'}} \mathrm{e}^{-\mathrm{i}\pi(\alpha+1/2)} | - \xi'\rangle \right]$$

$$= \frac{1}{2} \left[- (-)^{N_{\xi'}} \mathrm{e}^{-\mathrm{i}\pi(\alpha+1/2)} \langle \xi | j_x | - \xi' \rangle \right.$$

$$\left. - (-)^{N_\xi} \mathrm{e}^{\mathrm{i}\pi(\alpha+1/2)} \langle -\xi | j_x | \xi' \rangle \right] \tag{C.7}$$

因为只有相同的态之间才有非零的矩阵元，所以

$$(-)^{N_\xi} = (-)^{N_{\xi'}} \tag{C.8}$$

利用

$$\alpha + 1/2 = 整数$$

$$\alpha - 1/2 = 整数 \tag{C.9}$$

$$\mathrm{e}^{-\mathrm{i}\pi\alpha} = (-)^\alpha$$

则有，

$$\langle \xi\alpha | j_x | \xi'\alpha' \rangle = \frac{1}{2} (-)^{N_\xi+1} \mathrm{e}^{-\mathrm{i}\pi(\alpha+1/2)} \left[\langle \xi | j_x | - \xi' \rangle + \langle -\xi | j_x | \xi' \rangle \right]$$

$$= (-)^{N_\xi+1} \mathrm{e}^{-\mathrm{i}\pi(\alpha+1/2)} \left[\langle \xi | j_x | - \xi' \rangle \right]$$

$$= (-)^{N_\xi+\alpha-1/2} \left[\langle \xi | j_x | - \xi' \rangle \right]$$

$$(or) = (-)^{N_\xi-\alpha+1/2} \left[\langle \xi | j_x | - \xi' \rangle \right] \qquad ([\langle \xi | j_x | - \xi' \rangle] > 0) \tag{C.10}$$

附录 D　时间反演算符 T

时间反演算符记为

$$T = -i\sigma_y K \tag{D.1}$$

其中，K 为取复共轭的算符；σ_y 为 Pauli 矩阵。

将时间反演算符作用于球谐函数和自旋波函数[163]，

$$TY_{l\Lambda} = (-)^{\Lambda} Y_{l,-\Lambda} \tag{D.2}$$

$$T\chi_{\frac{1}{2}\Sigma} = (-)^{\Sigma-1/2} \chi_{\frac{1}{2}-\Sigma}$$

$$= (-)^{1/2-\Sigma} \chi_{\frac{1}{2}-\Sigma} \tag{D.3}$$

则

$$TY_{l\Lambda}\chi_{\frac{1}{2}\Sigma} = (-)^{\Omega-1/2} Y_{l,-\Lambda}\chi_{\frac{1}{2}-\Sigma} \tag{D.4}$$

$$T|Nl\Lambda\Sigma\rangle = (-)^{\Omega-1/2} |Nl,-\Lambda,-\Sigma\rangle \tag{D.5}$$

记

$$|\xi\rangle = |N_\xi l_\xi \Lambda_\xi \Sigma_\xi\rangle \tag{D.6}$$

$$|-\xi\rangle = |N_\xi l_\xi, -\Lambda_\xi, -\Sigma_\xi\rangle \tag{D.7}$$

$$|\bar{\xi}\rangle = T|\xi\rangle$$

$$= (-)^{\Omega_\xi - 1/2} |N_\xi l_\xi, -\Lambda_\xi, -\Sigma_\xi\rangle$$

$$= (-)^{\Omega_\xi - 1/2} |-\xi\rangle \tag{D.8}$$

这样，

$$a_{\bar\xi}^\dagger = (-)^{\Omega_\xi - 1/2} a_{-\xi}^\dagger$$

$$a_{\bar\eta} = (-)^{1/2 - \Omega_\eta} a_{-\eta}$$

$$a_\xi^\dagger a_{\bar\xi}^\dagger a_{\bar\eta} a_\eta = (-)^{(\Omega_\xi - 1/2) - (1/2 - \Omega_\eta)} a_\xi^\dagger a_{-\xi}^\dagger a_{-\eta} a_\eta$$

$$= (-)^{(\Omega_\xi - \Omega_\eta)} a_\xi^\dagger a_{-\xi}^\dagger a_{-\eta} a_\eta \tag{D.9}$$

这里，$a_\xi^\dagger a_{\bar\xi}^\dagger$ 为时间反演对产生算子或者单极对产生算子。

$$|\xi\alpha\rangle = \frac{1}{\sqrt{2}} [1 - e^{-i\pi\alpha} R_x(\pi)]|\xi\rangle$$

$$= \frac{1}{\sqrt{2}} [|\xi\rangle - (-)^{N_\xi} e^{-i\pi(\alpha + 1/2)} |-\xi\rangle \tag{D.10}$$

即

$$\left|\xi, \frac{1}{2}\right\rangle = \frac{1}{\sqrt{2}} [|\xi\rangle + (-)^{N_\xi} |-\xi\rangle \qquad (\alpha = +1/2) \tag{D.11}$$

$$\left|\xi, -\frac{1}{2}\right\rangle = \frac{1}{\sqrt{2}} [|\xi\rangle - (-)^{N_\xi} |-\xi\rangle \qquad (\alpha = -1/2) \tag{D.12}$$

用产生算符表示

$$|\xi\alpha\rangle = \frac{1}{\sqrt{2}} [1 - e^{-i\pi\alpha} R_x(\pi)]|\xi\rangle$$

$$= \frac{1}{\sqrt{2}} [a_\xi^\dagger \pm (-)^{N_\xi} a_{-\xi}^\dagger]|0\rangle$$

$$= b_{\xi\alpha}^\dagger |0\rangle \tag{D.13}$$

这里，

$$b_{\xi\alpha}^{\dagger} = \frac{1}{\sqrt{2}}[a_{\xi}^{\dagger} \pm (-)^{N_{\xi}} a_{-\xi}^{\dagger}] \tag{D.14}$$

因此，

$$\begin{aligned}
b_{\xi+}^{\dagger} b_{\xi-}^{\dagger} &= \frac{1}{2}[a_{\xi}^{\dagger} + (-)^{N_{\xi}} a_{-\xi}^{\dagger}][a_{\xi}^{\dagger} - (-)^{N_{\xi}} a_{-\xi}^{\dagger}] \\
&= \frac{1}{2}[-(-)^{N_{\xi}} a_{\xi}^{\dagger} a_{-\xi}^{\dagger} + (-)^{N_{\xi}} a_{-\xi}^{\dagger} a_{\xi}^{\dagger}] \\
&= -(-)^{N_{\xi}} a_{\xi}^{\dagger} a_{-\xi}^{\dagger} \tag{D.15}
\end{aligned}$$

$$\begin{aligned}
b_{\eta-} b_{\eta+} &= \frac{1}{2}[a_{\eta} - (-)^{N_{\eta}} a_{-\eta}][a_{\eta} + (-)^{N_{\eta}} a_{-\eta}] \\
&= \frac{1}{2}[(-)^{N_{\eta}} a_{\eta} a_{-\eta} - (-)^{N_{\xi}} a_{-\eta} a_{\eta}] \\
&= -(-)^{N_{\eta}} a_{-\eta} a_{\eta} \tag{D.16}
\end{aligned}$$

所以，

$$\begin{aligned}
b_{\xi+}^{\dagger} b_{\xi-}^{\dagger} b_{\eta-} b_{\eta+} &= a_{\xi}^{\dagger} a_{-\xi}^{\dagger} a_{-\eta} a_{\eta} \\
&= (-)^{(\Omega_{\xi} - \Omega_{\eta})} a_{\xi}^{\dagger} a_{\bar{\xi}}^{\dagger} a_{\bar{\eta}} a_{\eta} \tag{D.17}
\end{aligned}$$

附录 E　DNS 波函数的对称性

忽略粒子-转子耦合时，哈密顿量（2.12）归一化的本征函数可以表示为

$$\Phi_{IM,K} = N D^{I}_{MK}(\Omega)\chi_{\Omega}(x', y', z', \eta) \tag{E.1}$$

其中，I 是体系的总角动量量子数；M 是总角动量在实验室坐标系下，z 轴上的投影；K 是总角动量在内禀坐标系下，z' 轴上的投影；$r'(x', y', z')$ 是描述最外层价核子运动的坐标；η 是质量不对称度，在后面的推导中为简洁起见，我们均省略不写；$N = \sqrt{(2I+1)/8\pi^2}$ 是归一化因子。上式应该满足一定的对称性，下面我们依次考虑波函数（E.1）在 $\hat{R}_1, \hat{R}_2, \hat{R}_3$ 下的不变性。

$\hat{R}_3$：体系绕对称轴（本体坐标系，z' 轴）旋转的不变性。假设体系绕 z' 轴旋转任意角度 α，

$$\hat{R}_3(\theta_1, \theta_2, \theta_3) = (\theta_1, \theta_2, \theta_3 + \alpha) \tag{E.2}$$

这里 $\theta_1, \theta_2, \theta_3$ 是 Euler 角，它表示本体系对于实验室坐标系的相对位置。

转动算符的定义如下：

$$\hat{R}(\theta_1, \theta_2, \theta_3) = \exp\left(-\frac{\mathrm{i}}{\hbar}\theta_1\hat{R}_z\right)\exp\left(-\frac{\mathrm{i}}{\hbar}\theta_2\hat{R}_y\right)\exp\left(-\frac{\mathrm{i}}{\hbar}\theta_3\hat{R}_z\right) \tag{E.3}$$

其矩阵元可计算如下:

$$
\begin{aligned}
D_{MK}^I(\Omega) &= \langle IM|R(\theta)|IK \rangle \\
&= \exp[-\mathrm{i}(\theta_1 M + \theta_3 K)] d_{MK}^I(\theta_2)
\end{aligned}
\tag{E.4}
$$

这里

$$
d_{MK}^I(\theta_2) = \left\langle IM \left| \exp\left(-\frac{\mathrm{i}}{\hbar}\theta_2 \hat{I}_y\right) \right| IK \right\rangle
\tag{E.5}
$$

应用上面的公式, 对于算符 $\hat{R}_3$, 我们可以得到

$$
\hat{R}_3 \Phi_{IM,K} = \exp\left(-\frac{\mathrm{i}}{\hbar}\alpha K\right) \Phi_{IM,K}
\tag{E.6}
$$

对于绕 z' 轴转动不变的态,

$$
\hat{R}_3 \Phi_{IM,K} = \Phi_{IM,K}
\tag{E.7}
$$

这样,

$$
K = 0
\tag{E.8}
$$

这是对于纯转动的情况, 如果考虑内禀的单粒子态的贡献, 由于体系的总角动量等于转子与内禀单粒子运动总角动量之和,

$$
\boldsymbol{I} = \boldsymbol{R} + \boldsymbol{j}
\tag{E.9}
$$

所以有

$$
K = \Omega
\tag{E.10}
$$

Ω 为内禀单粒子态对角动量在对称轴上的投影。此时，

$$R = 0 \tag{E.11}$$

这就意味着在轴对称的情况下，总角动量在体坐标系 z' 轴上的分量等于内禀单粒子的总角动量 j 在 z' 轴上的投影，这时体系饶 z' 轴的转动是没有意义的。

$\hat{R}_2$：体系绕对称轴 z' 轴转动 $\dfrac{1}{2}\pi$。应用式（E.4）可得

$$\begin{aligned}
\hat{R}_2 D_{MK}^I(\theta_1, \theta_2, \theta_3) &= D_{MK}^I\left(\theta_1, \theta_2, \theta_3 + \frac{1}{2}\pi\right) \\
&= \exp\left(\frac{1}{2}\mathrm{i}K\pi\right) D_{MK}^I(\theta_1, \theta_2, \theta_3)
\end{aligned} \tag{E.12}$$

进一步考虑内禀单粒子态，χ_Ω 对方位角 φ 的依赖关系，

$$\chi_\Omega(r, \theta, \varphi) = \chi(r, \theta)\exp(-\mathrm{i}\Omega\varphi) \tag{E.13}$$

可得

$$\begin{aligned}
\hat{R}_2 \chi_\Omega(r', \eta, \theta, \varphi) &= \chi_\Omega\left(r', \eta, \theta, \varphi + \frac{1}{2}\pi\right) \\
&= \chi_\Omega(r', \eta, \theta, \varphi)\exp\left(-\frac{1}{2}\mathrm{i}\Omega\pi\right)
\end{aligned} \tag{E.14}$$

这样，考虑总波函数 Φ 在 $\hat{R}_2$ 作用下保持不变，则

$$(-)^{\frac{1}{2}(K-\Omega)} = 1 \tag{E.15}$$

这就导致，

$$K - \Omega = 4\nu, \qquad \nu = 0, \pm 1, \pm 2, \cdots \tag{E.16}$$

对于轴对称情况，在前面我们已经得知，$K = \Omega$。

$\hat{R}_1$：体系绕垂直于对称轴的轴，x' 或 y' 轴旋转 π，体系的状态具有不变性，

$$\hat{R}_1(\theta_1, \theta_2, \theta_3) = (\theta_1 + \pi, \pi - \theta_2, \pi - \theta_3)$$

$$\hat{R}_1 D^I_{MK}(\theta_1, \theta_2, \theta_3) = D^I_{MK}(\pi + \theta_1, \pi - \theta_2, \pi - \theta_3)$$

$$= \exp\{-i[(\theta_1 + \pi)M - (\pi - \theta_3)K]\}d^I_{MK}(\pi - \theta_2)$$

$$= (-)^{M+K}\exp(-i\theta_1 M + i\theta_3 K)d^I_{MK}(\pi - \theta_2) \quad \text{(E.17)}$$

应用公式，

$$d^j_{m_1 m_2}(\pi - \beta) = (-)^{j+m_1}d^j_{m_1 - m_2}(\beta)$$

这里

$$d^I_{MK}(\pi - \theta_2) = (-)^{I+M}d^I_{M-K}(\theta_2) \quad \text{(E.18)}$$

则

$$\hat{R}_1(\pi)D^I_{MK}(\theta_1, \theta_2, \theta_3)$$

$$= (-)^{M+K}(-)^{I+M}\exp(-i\theta_1 M + i\theta_3 K)d^I_{M-K}(\theta_2)$$

$$= (-)^I \left\langle IM \left| \exp\left(-\frac{i}{\hbar}\theta_1 I_x\right)\exp\left(-\frac{i}{\hbar}\theta_2 I_y\right)\exp\left(-\frac{i}{\hbar}\theta_3 I_z\right) \right| I - K \right\rangle$$

$$= (-)^{I+K}D^I_{M-K}(\theta_1, \theta_2, \theta_3) \quad \text{(E.19)}$$

或者我们可以用更简洁的方法得到上式，在内禀坐标系下定义函数 Ψ^I_K，

$$\hat{R}_1 \Psi^I_K = \sum_{K'} D^I_{K'K}(0, \pi, 0)\Psi^I_{K'} \quad \text{(E.20)}$$

通过式（E.4）可知，

$$D_{K'K}^I(0,\pi,0) = d_{K'K}^I(\pi)$$

$$= (-)^{I+K'}\delta_{K'-K} \tag{E.21}$$

可得

$$\hat{R}_1\Psi_K^I = (-)^{I-K}\Psi_{-K}^I \tag{E.22}$$

如果我们取 $\Psi_K^I = (-)^{M-K}D_{MK}^I(\theta_j)$，则

$$\hat{R}_1 D_{MK}^I(\theta_j) = (-)^{I+K}D_{M-K}^I(\theta_j) \tag{E.23}$$

这个形式与式（E.19）相同。

下面我们考虑 $\hat{R}_1$ 对内禀态波函数的作用。在轴对称情况下，单粒子总角动量的平方 $\hat{j}^2$ 不是一个守恒量。通常在 $\hat{j}^2$ 的本征态中讨论问题会更加简单，因此我们引入下面的变换：

$$\chi_\Omega = \sum_j C_j\chi_{j\Omega} \tag{E.24}$$

这里 $\chi_{j\Omega}$ 是球形壳模型哈密顿量与 $\hat{j}^2$ 的共同本征矢。由于

$$\hat{R}_1\chi_{j\Omega} = \exp\left(-\frac{\mathrm{i}}{\hbar}\pi I_y\right)\chi_{j\Omega}$$

$$= (-)^{j-\Omega}\chi_{j-\Omega} \tag{E.25}$$

上式即 $\chi_{j\Omega}$ 的时间反演态，$T\chi_{j\Omega} = (-)^{j-\Omega}\chi_{j-\Omega}$，因此

$$\hat{R}_1\chi_\Omega = \sum_j C_j(-)^{j-\Omega}\chi_{-\Omega}$$

$$= T\chi_\Omega$$

$$= \chi_{\bar{\Omega}} \tag{E.26}$$

然后我们考虑体系具有空间反演不变性，将宇称算符 P 作用于内禀波函数，

$$P\chi_K = p\chi_K \tag{E.27}$$

这里 $p = \pm 1$ 是宇称本征值。

这样，体系的波函数就可以表示为

$$\Psi_{IM,K} = \sqrt{\frac{2I+1}{16\pi^2}}\{D_{MK}^I(\theta_j)\chi_K + (-)^{I+K}pD_{M-K}^I(\theta_j)\chi_{\bar{K}}\} \tag{E.28}$$

附录 F　原子核势场对集体参数的展开

设原子核的势场为

$$V(\alpha_{\lambda\mu}, \boldsymbol{r}, \hat{l}, \hat{s}) = V\left(\frac{r}{1 + \sum_{\mu} \alpha_{2\mu}^{*}}, \hat{l}, \hat{s}\right) \tag{F.1}$$

下面我们将这一势场按照原子核的集体参数做展开。在后面的推导过程中，为了表述简洁，$\hat{l}$ 和 $\hat{s}$ 将省略不写。我们将 V 展开至二阶项，

$$V(\alpha_{\lambda\mu}, \boldsymbol{r}) = V(0, \boldsymbol{r}) + \sum_{\lambda\mu} \left(\frac{\partial V}{\partial \alpha_{\lambda\mu}}\right)_0 \alpha_{\lambda\mu} + \frac{1}{2} \sum_{\lambda\mu} \left(\frac{\partial^2 V}{\partial \alpha_{\lambda\mu}^2}\right)_0 \alpha_{\lambda\mu}^2 + \cdots \tag{F.2}$$

这里，

$$V(0, \boldsymbol{r}) = V_0(r)$$

$$\left(\frac{\partial V}{\partial \alpha_{\lambda\mu}}\right)_0 = \left(\frac{\mathrm{d}V_0}{\mathrm{d}r}\right) \left[\frac{\partial}{\partial \alpha_{\lambda\mu}} \left(\frac{r}{f}\right)\right]_0 = -r \left(\frac{\mathrm{d}V_0}{\mathrm{d}r}\right) Y_{\lambda\mu} = -r V_0' Y_{\lambda\mu}$$

$$\begin{aligned}
\left(\frac{\partial^2 V}{\partial \alpha_{\lambda\mu}^2}\right)_0 &= \frac{\partial}{\partial \alpha_{\lambda\mu}} \left\{\frac{\mathrm{d}V}{\mathrm{d}r} \left[\frac{\partial}{\partial \alpha_{\lambda\mu}} \left(\frac{r}{f}\right)\right]\right\}_0 \\
&= \frac{\mathrm{d}V_0}{\mathrm{d}r} \left[\frac{\partial^2}{\partial \alpha_{\lambda\mu}^2} \left(\frac{r}{f}\right)\right]_0 + \frac{\mathrm{d}V}{\mathrm{d}r} \left(\frac{\partial V}{\partial \alpha_{\lambda\mu}}\right)_0 \left[\frac{\partial}{\partial \alpha_{\lambda\mu}} \left(\frac{r}{f}\right)\right]_0 \\
&= 2r \frac{\mathrm{d}V_0}{\mathrm{d}r} Y_{\lambda\mu}^2 + \left\{\frac{\mathrm{d}}{\mathrm{d}r} \frac{\mathrm{d}V}{\mathrm{d}r} \left[\frac{\partial}{\partial \alpha_{\lambda\mu}} \left(\frac{r}{f}\right)\right]\right\}_0 \left[\frac{\partial}{\partial \alpha_{\lambda\mu}} \left(\frac{r}{f}\right)\right]_0 \\
&= 2r \frac{\mathrm{d}V_0}{\mathrm{d}r} Y_{\lambda\mu}^2 + \frac{\mathrm{d}^2 V_0}{\mathrm{d}r^2} \left[\frac{\partial}{\partial \alpha_{\lambda\mu}} \left(\frac{r}{f}\right)\right]_0^2
\end{aligned}$$

$$= 2r\frac{\mathrm{d}V_0}{\mathrm{d}r}Y_{\lambda\mu}^2 + r^2\frac{\mathrm{d}^2V_0}{\mathrm{d}r^2}Y_{\lambda\mu}^2$$

$$= 2rV_0'Y_{\lambda\mu}^2 + r^2V_0''Y_{\lambda\mu}^2$$

因此，

$$V(\alpha_{\lambda\mu}, r) = V_0(r) - rV_0'\sum_{\lambda\mu}\alpha_{\lambda\mu}Y_{\lambda\mu} + \left(rV_0' + \frac{1}{2}r^2V_0''\right)\sum_{\lambda\mu}(\alpha_{\lambda\mu}Y_{\lambda\mu})^2 \quad \text{(F.3)}$$

如果我们取原子核势 $V(\alpha_{\lambda\mu}, r)$ 为 Woods-Saxon 势

$$V(r) = \frac{U_0}{1 + \mathrm{e}^{(r-\tilde{R})/a_0}} \quad \text{(F.4)}$$

通常取 $U_0 = -50\mathrm{MeV}$, $\tilde{R}_0 = r_0 A^{1/3}$, $r_0 = 1.2\mathrm{fm}$, $a = 0.65\mathrm{fm}$。这样，

$$V_0 = \frac{U_0}{1 + \mathrm{e}^{(r-\tilde{R})/a_0}} \quad \text{(F.5)}$$

$$V_0' = \frac{\mathrm{d}V_0}{\mathrm{d}r} = \frac{\mathrm{d}}{\mathrm{d}r}\left(\frac{U_0}{1 + \mathrm{e}^{(r-\tilde{R})/a_0}}\right) = -\frac{U_0}{a_0}\frac{\mathrm{e}^{(r-\tilde{R})/a_0}}{[1 + \mathrm{e}^{(r-\tilde{R})/a_0}]^2} \quad \text{(F.6)}$$

$$V_0'' = \frac{\mathrm{d}^2V_0}{\mathrm{d}r^2} = \frac{\mathrm{d}}{\mathrm{d}r}\left\{-\frac{U_0}{a_0}\frac{\mathrm{e}^{(r-\tilde{R})/a_0}}{[1 + \mathrm{e}^{(r-\tilde{R})/a_0}]^2}\right\}$$

$$= \frac{U_0}{a_0}\mathrm{e}^{(r-\tilde{R})/a_0}\frac{\left\{2\mathrm{e}^{(r-\tilde{R})/a_0}\left[1 + \mathrm{e}^{(r-\tilde{R})/a_0}\right]^{-1} - 1\right\}}{[1 + \mathrm{e}^{(r-\tilde{R})/a_0}]^{-2}} \quad \text{(F.7)}$$

对于轴对称的变形原子核，其表面公式为

$$\tilde{R} = \tilde{R}_0\left[1 - \sum_{\lambda}\beta_{\lambda 0}Y_{\lambda 0}(\theta)\right] \quad \text{(F.8)}$$

如果我们只考虑四极形变和八极形变，即 $\lambda = 2, 3$，则

$$\tilde{R} = \tilde{R}_0\left[1 - \beta_{20}Y_{20}(\theta) - \beta_{30}Y_{30}(\theta)\right] \quad \text{(F.9)}$$

将式（F.5）～（F.7）代入式（F.3）中就可以得到原子核势场对原子核形变参数展开的表达式。

参 考 文 献

[1] 曾谨言，孙洪洲. 原子核结构理论. 上海: 上海科学技术出版社, 1987.

[2] Zeng J Y, Lei Y A, Jin T H, et al. Phys. Rev. C, 1994, 50:746–756.

[3] Zeng J Y, Cheng T S. Nucl. Phys. A, 1983, 405:1.

[4] He X T, Li Y C. Phys. Rev. C, 2018, 98:064314.

[5] Nilsson S G. Mat. Fys. Medd. Dan. Vid. Selsk., 1955, 29:16.

[6] Nilsson S G, et al. Nucl. Phys. A, 1969, 131:1.

[7] Bengtsson T, Ragnarsson I. Nucl. Phys. A, 1985, 436:14.

[8] Shneidman T M, Adamian G G, Antonenko N V, et al. Nucl. Phys. A, 2000, 671:119.

[9] Adamian G G, Antonenko N V, Jolos R V. Nucl. Phys. A, 1995, 584:205.

[10] Adamian G G, Antonenko N V, Jolos R V, et al. Phys. Rev. C, 2004, 69:054310.

[11] Adamian G G, Antonenko N V, Ivanova S P, et al. Nucl. Phys. A, 1999, 646:29.

[12] Smirnov Y F, Tchuvil'sky Y M. Phys. Lett. B, 1999, 451:289.

[13] Li Q F, et al. Eur. Phys. J. A, 2005, 24:223.

[14] Bohr A, Mottelson B R. Nuclear Structure. Volume 2. New York: Benjamin, 1975.

[15] Adamian G G, Antonenko N V, Jolos R V, et al. Int. J. Mod. Phys. E, 1996, 5:191.

[16] Migdal A B. Theory of Finite Fermi Systems and Application to Atomic Nuclei. Moscow: Nauka, 1982.

[17] Yukawa H. Prog. Phys. Math. Soc. Jpn. Ser., 1975, 3:17.

[18] Schiff L I. Phys. Rev., 1952, 84:1.

[19] Walecha J D. Ann. Phys., 1974, 83:491.

[20] Chin S A, Walecka J D. Phys. Lett. B, 1974, 52:24.

[21] Boguta J, Bodmer A R. Nucl. Phys. A, 1977, 292:413.

[22] Serot B D. Phys. Lett. B, 1979, 86:146.

[23] Serot B D, Walecka J D. Adv. Nucl. Phys., 1986, 16:1.

[24] Reinhard P G. Rep. Prog. Phys., 1989, 52:439.

[25] Ring P. Prog. Part. Nucl. Phys., 1996, 37:193.

[26] Köepf W, Ring P. Nucl. Phys. A, 1989, 493:61.

[27] Kaneko K, Nakano M, Matsuzaki M. Phys. Lett. B, 1993, 317:261.

[28] Meng J, Ring P. Phys. Rev. Lett., 1996, 77:3963.

[29] Meng J. Nucl. Phys. A, 1998, 635:3.

[30] Ma Z Y, Giai N V, Toki H. Phys. Rev. C, 1997, 55:2385.

[31] Vretenar D, et al. Nucl. Phys. A, 1997, 621:853.

[32] Stitsov M V, Ring P, Sharma M M. Phys. Rev. C, 1994, 50:1445.

[33] Madokoro H, Meng J, Matsuzaki M, et al. RIKEN Review, 2000, 26:126.

[34] 吕洪凤. 高能物理与核物理, 2003, 27:5.

[35] Afanasjev A V, Köning J, Ring P. Nucl. Phys. A, 1996, 608:107.

[36] Afanasjev A V, Ring P, Köning J. Nucl. Phys. A, 2000, 676:196.

[37] Meng J, Lü H F, Zhang S Q, et al. Nucl. Phys. A, 2003, 722:366c.

[38] Meng J, et al. Physics of Atomic Nuclei, 2004, 67:1619.

[39] Strutinsky V M. Nucl. Phys. A, 1967, 95:420.

[40] Strutinsky V M. Nucl. Phys. A, 1968, 122:1.

[41] Kirwan A J, et al. Phys. Rev. Lett., 1987, 58:467.

[42] Twin P J, et al. Phys. Rev. Lett., 1986, 57:811.

[43] Cameron J A, et al. Nucl Phys. B, 1990, 235:239.

[44] Fabricius B, et al. Nucl. Phys. A, 1991, 523:426.

[45] deShalit F. In Theoretical Nuclear Physics: Nuclear Structure. Volume 1. New York: Wiley, 1974.

[46] Ring P, Schuck P. The Nuclear Many-body Problem. New York: Springer-verlag, 1980.

[47] Twin P J. Nucl. Phys. A, 1991, 522:13c.

[48] Janssens R V F, Khoo T L. Annu. Rev. Part. Sci., 1991, 41:321.

[49] Åberg S, et al. Nuclear structure in Superdeformed states// Proceedings of the XXVI International Winter Meeting on Nuclear Physics, Bormio, Italy, 1988. invited talk.

[50] Tsang C F, Nilsson S G. Nucl. Phys. A, 1970, 140:275.

[51] Bengtsson R, et al. Phys. Lett. B, 1975, 57:301.

[52] Ragnarsson I, et al. Nucl. Phys. A, 1980, 347:287.

[53] J Dudek W N. Phys. Rev. C, 1985, 31:298.

[54] Chasman R R. Phys. Lett. B, 1987, 187:219.

[55] Han X L, Wu C L. Atomic Data and Nuclear Date Tables, 1996, 63:117.

[56] Singh B, Zywina R, Firestone R B. Nuclear Data Sheet, 2002, 97:241.

[57] Afanasjev A V. Physica Scripta, 2000, T88(1):10.

[58] Svensson C E, et al. Phys. Rev. Lett., 2000, 85:2693.

[59] Chiara C J, et al. Phys. Rev. C, 2003, 67:041303.

[60] Clark R M, et al. Phys. Rev. Lett., 2001, 87:202502.

[61] Lee I Y. Superdeformation// Proceedings of Nuclear Astrophysics, China Center of Advanced Science and Technology World Laboratory, Oct 22-26, 2001. invited talk.

[62] Bengtsson T, Åberg S, Ragnarsson I. Phys. Lett. B, 1988, 208:39.

[63] 胡济民. 原子核理论. 北京: 原子能出版社, 1993.

[64] Baktash C, Haas B, Nazarewicz W. Annu. Rev. Nucl. Part. Sci., 1995, 45:485. and references therein.

[65] Chasman R R. Phys. Lett. B, 1989, 219:227.

[66] Riley M A, et al. Nucl. Phys. A, 1990, 512:178.

[67] Siem S, et al. Phys. Rev. C, 2004, 70:014303.

[68] Cullen C M, et al. Phys. Rev. Lett., 1990, 65:1547.

[69] Liu S X, Zeng J Y. Phys. Rev. C, 1998, 58:3266.

[70] Xu F, Hu J. Phys. Rev. C, 1994, 49:1449.

[71] Nolan P J, Twin P J. Annu. Rev. Part. Sci., 1988, 38:533.

[72] Åberg S, Flocard H, Nazarewicz W. Annu. Rev. Part. Sci., 1990, 40:439.

[73] Baktash C. Prog. Part. Nucl. Phys., 1997, 38:291.

[74] Dobaczewski J. Superdeformation: Preserpectives and prospects// Proceedings of AIP Conference Proceedings. AIP, 1999.

[75] Byrski T, et al. Phys. Rev. Lett., 1990, 64:1650.

[76] Nazrewicz W, et al. Phys. Rev. Lett., 1990, 64:1654.

[77] Stephens F S. Ncl. Phys. A, 1990, 520:91c.

[78] Stephens F S, et al. Phys. Rev. Lett., 1991, 6:1378.

[79] Ahmad I, et al. Phys. Rev. C, 1991, 44:1204.

[80] Casten R F, et al. Phys. Rev. C, 1992, 45:R1413.

[81] Baktash C, et al. Phys. Rev. Lett., 1992, 69:1500.

[82] Migdal A B. Nucl. Phys., 1959, 13:655.

[83] Liu S X, Zeng J Y, Zhao E G. Phys. Rev. C, 2002, 66:024320.

[84] Sun Y, Zhang J Y, Guidry M. Phys. Rev. C, 2001, 63:047306.

[85] Karlsson L B, Kagnarsson I, Åberg S. Phys. Lett. B, 1998, 416:16.

[86] Szymanski Z, Nazarewicz W. Phys. Lett. B, 229, 433:1998.

[87] Liu Y X, et al. Phys. Rev. C, 1999, 59:2511.

[88] Liu Y X, et al. Phys. Rev. C, 2001, 63:054314.

[89] Baktash C, Nazarewicz W, Wyss R. Nucl. Phys. A, 1993, 555:375.

[90] Fischer S M, et al. Phys. Rev. C, 1996, 53:2126.

[91] Bouneau S, et al. Phys. Rev. C, 1996, 53:R9.

[92] Azaiez F, et al. Phys. Rev. Lett., 1991, 66:1030.

[93] Duprat J, et al. Phys. Lett. B, 1994, 341:6.

[94] Xin X B, Liu S X, Lei Y A, et al. Phys. Rev. C, 2000, 62:067303.

[95] Heenen P H, Janssens R V F. Phys. Rev. C, 1998, 57:159.

[96] Zhang J, et al. Phys. Rev. C, 1998, 58:868.

[97] R Bengtsson S F. Nucl. Phys. A, 1979, 314:27.

[98] Liu S X, Zeng J Y. Phys. Rev. C, 2002, 66:067301.

[99] Asaro F, Stephens F S, Jr, Perlman I. Phys. Rev., 1953, 92:1495.

[100] Stephens F S, Jr, Asaro F, Perlman I. Phys. Rev., 1954, 96:1568.

[101] Stephens F S, Jr, Asaro F, Perlman I. Phys. Rev., 1955, 100:1543.

[102] Strutinsky V M. At. Energ, 1956, 4:523.

[103] Lee K, Inglis D R. Phys. Rev., 1957, 108:774.

[104] Schüler P, et al. Phys. Lett. B, 1986, 174:241.

[105] Fernández-Niello J, Puchta H, Riess F, et al. Nucl. Phys. A, 1982, 391:221.

[106] Ward D, Dracoulis G D, Leigh J R, et al. Nucl. Phys. A, 1983, 406:591.

[107] Bonin W, et al. Z. Phys., 1983, 310:249.

[108] Zolnowski D R, Kishimoto T, Gono Y, et al. Phys. Lett. B, 1975, 55:453.

[109] Sujkowski Z, Chmielewska D, Voigt M J A D, et al. Nucl. Phys. A, 1977, 291:365.

[110] Haenni D R, Sugihara T T. Phys. Rev. C, 1977, 16:120.

[111] Butler P A, Nazarewicz W. Rev. Mod. Phys., 1996, 68:349.

[112] Sheline R K, Kvasil J, Liang C F, et al. Phys. Rev. C, 1991, 44:R1732.

[113] Sheline R K, Kvasil J, Liang C F, et al. J. Phys. G, 1993, 19:617.

[114] Bohr A, Mottelson B. Nucl. Phys., 1957, 4:529.

[115] Bohr A, Mottelson B. Nucl. Phys., 1958, 9:687.

[116] Strutinsky V M. At. Energ, 1956, 4:150.

[117] Ahmad I, Butler P A. Annu. Rev. Nucl. Part. Aci., 1993, 43:71.

[118] Greenlees P T. Identification of Exited States and Evidence for Octupole Deformation in ^{226}U. Oliver Lodge Laboratory, University of Liverpool, July, 1999.

[119] Greiner W, Park J Y, Scheid W. Singapore: World Scientific, 1995.

[120] Pyatkov Y V. Nucl. Phys. A, 1997, 624:140.

[121] Aberg S Z. Phys. A, 1994, 349:205.

[122] Cwiok S, et al. Phys. Lett. B, 1994, 322:304.

[123] Buck B, Merchant A, Perez S. Phys. Rev. Lett., 1990, 65:2975.

[124] Buck B, Merchant A, Perez S. Phys. Rev. Lett., 1996, 76:380.

[125] Buck B, Merchant A, Perez S. Phys. Rev. C, 1998, 58:2049.

[126] Royer S, Haddad F. J. Phys. G, 1995, 21:339.

[127] Volkov V V. Phys. Rep., 1978, 44:93.

[128] Adamian G G, Antonenko N V, Scheid W. Nucl. Phys. A, 1997, 618:176.

[129] Adamian G G, Antonenko N V, Scheid W. Nucl. Phys. A, 2000, 678:24.

[130] Torres A D, Adamian G G, Antonenko N V, et al. Nucl. Phys. A, 2001, 679:410.

[131] Buck B, Merchant A C, Perez S M. Phys. Rev. C, 1999, 61:014310.

[132] Adamian G G, Antonenko N V, Jolos R V, et al. Phys. Rev. C, 2003, 67:054303.

[133] Adamian G G, Antonenko N V, Nenoff N, et al. Phys. Rev. C, 2001, 64:014306.

[134] Shneidman T M, Adamian G G, Antonenko N V, et al. Phys. Lett. B, 2002, 526:322.

[135] Shneidman T M, Adamian G G, Antonenko N V, et al. Phys. Rev. C, 2003, 67:014313.

[136] Adamian G G, Antonenko N V, Jolos R V, et al. Phys. Rev. C, 2004, 70:064318.

[137] He X T, Zhao E G, Scheid W. Int. J Mod. Phys. E, 2006, 15(8):1823–1832.

[138] Briançon C, et al. J. Phys. G, 1990, 16:1735.

[139] Mayer M G. Phys. Rev., 1949, 75:1969.

[140] Mayer M G. Phys. Rev., 1950, 78:16.

[141] Haxel O, Jensen J H D, Suess H E. Phys. Rev., 1949, 75:1766.

[142] Haxel O, Jensen J H D, Suess H E. Z. Physik, 1950, 128:295.

[143] Mayer M G, Jensen J H D. Elementary Theory of Nuclear Shell Structure. New York: John Wiley and Sons, Inc., 1955.

[144] Arima A, Harvey M, Shimizu K. Phys. Lett. B, 1969, 30:517.

[145] Hecht K, Adler A. Nucl. Phys. A, 1969, 137:129.

[146] Bahri C, Draayer J P, Moszkowski S A. Phys. Rev. Lett., 1992, 68:2133.

[147] Ginocchio J N. Phys. Rev. Lett., 1997, 78:436.

[148] Ginocchio J N. Phys. Rep., 1999, 315:231.

[149] Zhou S G, Meng J, Ring P. Phys. Rev. Lett., 2003, 91:262501.

[150] Ratna Raju R D, Draayer J P, Hecht K T. Nucl. Phys. A, 1973, 202:433.

[151] Draayer J P, Weeks K J. Anne. Phys., 1984, 156:41.

[152] Zeng J Y, Meng J, Wu C S, et al. Phys. Rev. C, 1991, 44(5):R1745-R1748.

[153] Dudek J, Nazarewicz W, Szymanski Z, et al. Phys. Rev. Lett., 1987, 59:1405.

[154] Blokhin A L, T Beuschel J P D, Bahri C. Nucl. Phys. A, 1997, 612:163.

[155] Ginocchio J N. Phys. Rep., 2005, 414:165.

[156] Bohr A, Hamamoto I, Mottelson B R. Phys. Scr., 1982, 26:267.

[157] Nambu Y, Jona-Lasinio G. Phys. Rev., 1961, 122:345.

[158] Nambu Y, Jona-Lasinio G. Phys. Rev., 1961, 124:246.

[159] Reinhardt H. Phys. Lett. B, 1987, 188:263.

[160] Blokhin A L, Bahri C, Draayer J P. Phys. Rev. Lett., 1995, 74:4149.

[161] Blokhin A L, Bahri C, Draayer J P. J. Phys. A, 1996, 29:2039.

[162] Leviatan A, Ginocchio J N. Phys. Lett. B, 2001, 518:214.

[163] 曾谨言. 量子力学. 2 版. 北京: 科学出版社, 2001.

[164] Meng J, Sugawara-Tanabe K, Yamaji S, et al. Phys. Rev. C, 1997, 58:R628.

[165] Greiner W, Müller B, Rafelski J. Quantum Electrodynamics of Strong Fields. New York: Springer, 1985.

[166] Ginocchio J N. Phys. Rev. C, 2002, 66:064312.